Pierre Flourens

Examen du livre de M. Darwin sur l'origine des espèces

essai

ISBN : 978-1519290458

10 9 8 7 6 5 4 3 2 1

Pierre Flourens

Examen du livre de M. Darwin sur l'origine des espèces

essai

Table de Matières

Avertissement

Les philosophes du XVIIIe siècle, et en cela ils étaient très-peu philosophes, personnifiaient la *Nature*. Voyez Rousseau, Buffon, d'Holbach et les autres.

Voltaire est le premier qui ait osé dire à ses contemporains que ce qu'on nomme *Nature* n'est qu'un grand art.

« Lors même qu'on accorderait, dit Bayle, que la *Nature*, quoique destituée de connaissance, existerait d'ellemême, on ne laisserait pas de pouvoir nier qu'elle fût capable de pouvoir organiser les animaux, vu que c'est un ouvrage dont la cause doit avoir beaucoup d'esprit. »

Que j'ai toujours haï les pensers du vulgaire !
Qu'il me semble profane, injuste et téméraire !
Mettant de faux-milieux entre la chose et lui.[1]

La *Nature* personnifiée est un *faux-milieu*.

D'un autre côté qu'est-ce que l'espèce ?

J'examine ici le livre de M. Darwin.[2]

À son opinion : la *mutabilité* des espèces, j'oppose l'opinion contraire : celle de leur *fixité*.

Les naturalistes prononceront.

I. DU LIVRE DE M. DARWIN

M. Darwin vient de publier un livre sur l'*Origine des espèces*.

L'ingénieux et savant auteur pense que l'espèce est muable. Malheureusement, il ne nous dit pas ce qu'il entend par *espèce*, et ne se donne aucun caractère sûr pour la définir.

En second lieu, il voit très-bien la *variabilité* de l'espèce. Qui ne la voit pas ? Mais il ne voit pas la limite de cette variabilité ; et c'est précisément ce qu'il fallait voir.

Enfin l'auteur se sert partout d'un langage figuré dont il ne se rend

---

1 La Fontaine.
2 *De l'Origine des espèces, ou des lois du progrès chez les êtres organisés.* Traduit de l'anglais par Mlle Clémence-Auguste Royer. 1862.

pas compte et qui le trompe, comme il a trompé tous ceux qui s'en sont servis.

Là est le vice radical du livre.

On personnifiait la nature ; on lui prêtait des intentions, des inclinations, des vues ; on lui prêtait des horreurs (l'*horreur du vide*) ; on lui prêtait des jeux (les *jeux de la nature*). Les monstruosités étaient les erreurs de la nature.

Le XVIIIᵉ siècle fit mieux. À la place de Dieu il mit la nature. Buffon disait à Hérault de Séchelles : « J'ai toujours nommé le Créateur, mais il n'y a qu'à ôter ce mot et mettre à la place la puissance de la nature.[1] »

« La nature, dit Buffon, n'est point une chose, car cette chose serait tout ; la nature n'est point un être, car cet être serait Dieu ; » en quoi il a parfaitement raison, mais ce qui, comme on vient de voir, l'effrayait fort peu.

Il ajoute : « La nature est une puissance vive, immense, qui embrasse tout, qui anime tout, qui, subordonnée au premier Être, n'a commencé d'agir que par son ordre et n'agit encore que par son consentement[2]… »

C'est de cette prétendue *puissance* que les naturalistes font leur *nature*, quand ils la personnifient.

Cependant M. Cuvier les a, depuis longtemps, avertis de tous les périls d'un pareil langage. « Par une de ces figures, dit-il, auxquelles toutes les langues sont enclines, la *nature* a été personnifiée : les êtres existants ont été appelés les *Œuvres de la Nature*, les rapports généraux de ces êtres entre eux sont devenus les *Lois de la Nature*, etc… C'est en considérant ainsi la nature comme un être doué d'intelligence et de volonté, mais secondaire et borné quant à la puissance, qu'on a pu dire qu'elle veille sans cesse au maintien de ses œuvres, qu'elle ne fait rien en vain, qu'elle agit toujours par les voies les plus simples, etc… On voit combien sont puérils les philosophes qui ont donné à la nature une espèce d'existence individuelle, distincte du Créateur, des lois qu'il a imprimées au mouvement et des propriétés ou des formes données par lui aux

1 Voyage à Montbard.
2 *Première Vue de la nature.*

créatures, et qui l'ont fait agir sur les corps avec une puissance et une raison particulières. À mesure que les connaissances se sont étendues en astronomie, en physique et en chimie, ces sciences ont renoncé aux paralogismes qui résultaient de l'application de ce langage figuré aux phénomènes réels. Quelques physiologistes en ont seuls conservé l'usage, parce que, dans l'obscurité où la physiologie est encore enveloppée, ce n'était qu'en attribuant quelque réalité aux fantômes de l'abstraction, qu'ils pouvaient faire illusion à eux-mêmes et aux autres sur la profonde ignorance où ils sont touchant les mouvements vitaux.[1] »

Dans cet examen du livre de M. Darwin, je me propose deux objets : le premier, de montrer que l'auteur fait illusion à lui-même, et peut-être aux autres, par un abus constant du langage figuré ; et le second, de prouver que, contrairement à son opinion, l'espèce est fixe, et que, loin d'être venues les unes des autres, comme il le veut, les diverses espèces sont et restent éternellement distinctes.

M. Darwin commence par imaginer une *élection naturelle* ; il imagine ensuite que ce *pouvoir d'élire* qu'il donne à la nature est pareil au pouvoir de l'homme. Ces deux suppositions admises, rien ne l'arrête ; il joue avec la nature comme il lui plaît, et lui fait faire tout ce qu'il veut.

Le pouvoir de l'homme sur les êtres vivants est parfaitement connu.

L'espèce est *variable*. Elle varie de soi. C'est ce que savent tous les naturalistes, et ce que nul n'a mieux prouvé, dans ces derniers temps, que M. Decaisne, dans ses directes et décisives expériences.

Or, parmi les *variations* de l'espèce, les unes sont utiles aux vues de l'homme, et les autres y sont contraires. L'homme *choisit* les variations utiles, il *écarte* les variations contraires.

Ce n'est pas tout. Après avoir *choisi* les individus à *variations utiles*, il les unit ensemble ; et par là il accumule ces *variations*, il les accroît, il les fixe ; il se fait des *races*. C'est encore là ce que savent

---

1 Voyez l'article *Nature*, dans le *Dictionnaire des Sciences naturelles*. (Levrault.)

C'est le plus beau morceau de philosophie qu'ait écrit M. Cuvier.

tous les naturalistes.

À propos du chien, Buffon dit : « L'homme a créé des races dans cette espèce, en *choisissant* et mettant ensemble les plus grands ou les plus petits, les plus jolis ou les plus laids, les plus velus ou les plus nus, etc.[1] »

Dans l'histoire du pigeon, il dit : « Le maintien des variétés et même leur multiplication dépend de la main de l'homme. Il faut recueillir de celle de la nature les individus qui se ressemblent le plus, les séparer des autres, les unir ensemble, prendre les mêmes soins pour les variétés qui se trouvent dans les nombreux produits de leurs descendants, et, par une attention suivie, on peut, avec le temps, créer à nos yeux, c'est-à-dire amener à la lumière une infinité d'êtres nouveaux que la nature seule n'aurait jamais produits.[2] »

Il ajoute : « La combinaison, la succession, l'assortissement, la réunion ou la séparation des êtres, dépendent souvent de la volonté de l'homme : dès lors il est le maître de forcer la nature par ses combinaisons et de la fixer par son industrie : de deux individus singuliers qu'elle aura produits comme par hasard, il en fera une race constante et perpétuelle, et de laquelle il tirera plusieurs autres races, qui, sans ses soins, n'auraient jamais vu le jour.[3] »

Voilà les faits que Buffon a vus, et que chacun connaît. M. Darwin n'en a pas vu d'autres. Seulement il mêle à tout cela un langage métaphorique qui l'éblouit, et il imagine que l'*élection naturelle* qu'il donne à la nature aurait des effets *incommensurables* (c'est son mot), immenses et que n'a pas le faible pouvoir de l'homme.

Il le dit en termes exprès : « De même que toutes les œuvres de la nature sont infiniment supérieures à celles de l'art, l'*élection naturelle* est nécessairement prête à agir avec une puissance incommensurablement supérieure aux faibles efforts de l'homme. »

Il dit encore : « Si l'on pouvait appliquer à l'état de nature le principe d'élection que nous voyons si puissant dans les mains de l'homme, quels n'en pourraient pas être les immenses effets ! »

« J'ai donné, dit-il enfin, le nom d'*élection naturelle* au principe en vertu duquel se conserve chaque variation, à condition qu'elle soit

---

1 *Histoire du Chacal.*
2 *Histoire du pigeon.*
3 *Histoire du pigeon.*

I. DU LIVRE DE M. DARWIN

utile, afin de faire ressortir son analogie avec le pouvoir d'élection de l'homme. »

C'est-à-dire tout simplement que vous avez *personnifié* la nature, et c'est là tout le reproche que l'on vous fait.

« Plusieurs écrivains, dit M. Darwin lui-même, ont critiqué ce terme d'*élection naturelle*… Dans le sens littéral du mot, ajoute-t-il, il n'est pas douteux que le terme d'*élection naturelle* ne soit un contre-sens. »

On ne peut mieux dire ; mais alors pourquoi s'en servir ? Pourquoi accommoder surtout à ce langage faux toutes ses explications, tout son livre ? Pourquoi écrire un livre tout entier dans l'esprit faux que ce langage implique ?

Sans doute, mais voilà le procédé constant de M. Darwin : il commence par demander la permission de *personnifier la nature*, et puis par un *dato non concesso*, il raisonne comme si cette permission était accordée.

« Puisque l'homme, dit-il, peut produire, et qu'il a certainement produit de grands résultats par ses moyens d'*élection*, que ne peut faire l'*évolution naturelle* ? L'homme ne peut agir que sur les caractères visibles et extérieurs, la Nature, si toutefois l'*on veut bien nous permettre* de *personnifier sous ce nom* la loi selon laquelle les individus variables sont protégés… La Nature peut agir sur chaque organe interne, sur la moindre différence organique. L'homme ne *choisit* qu'en vue de son propre avantage, et la Nature seulement en vue du bien de l'être dont elle prend soin… »

« On peut dire par métaphore, ajoute M. Darwin, que l'*élection naturelle* scrute journellement, à toute heure et à travers le monde entier, chaque variation, même la plus imperceptible, pour rejeter ce qui est mauvais, conserver et ajouter tout ce qui est bon ; et qu'elle travaille ainsi insensiblement et en silence, partout et toujours, dès que l'opportunité s'en présente, au perfectionnement de chaque être organisé. »

Ainsi, toujours des métaphores ! La *nature choisit*, la *nature scrute*, la *nature travaille* et *travaille sans cesse*, et travaille à quoi ?… à changer, à perfectionner, à transformer les espèces. La transformation des espèces est, dans le système de M. Darwin, le travail perpétuel de la nature.

Pierre Flourens

Qu'y faire ? Ce système est un système tout comme un autre ; et ce n'est pas M. Darwin qui l'a inventé. Dans le dernier siècle, de Maillet, l'auteur du livre fameux *Telliamed*, couvrit le globe entier d'eau pendant des milliers d'années ; il fit retirer les eaux graduellement ; tous les animaux terrestres avaient d'abord été marins ; l'homme lui-même avait commencé par être poisson ; et l'auteur assure qu'il n'est pas rare de rencontrer dans l'Océan des poissons qui ne sont devenus hommes qu'à moitié, mais dont la race le deviendra tout à fait quelque jour.

« Maillet, dont nous avons déjà tant parlé, dit Voltaire, crut s'apercevoir, au Grand Caire, que notre continent n'avait été qu'une mer dans l'antiquité passée ; il vit des coquilles, et voici comme il raisonna : Ces coquilles prouvent que la mer a été pendant des milliers de siècles à Memphis ; donc les Égyptiens et les singes viennent incontestablement de poissons marins. »

Après Maillet vint Robinet. On connaît son livre intitulé : *Essai de la nature qui apprend à faire l'homme*. Maillet avait de l'esprit. Il dédie son livre à Cyrano de Bergerac, « pour lui prouver, dit-il, qu'on peut extravaguer dans la mer comme dans le soleil ou dans la lune. » Robinet n'est qu'absurde. On est fâché de trouver, parmi ces hommes à idées étranges, le respectable M. de Lamarck. Il eut du génie ; mais ce n'est pas lorsqu'il prétend que l'homme vient du polype ou de la monade.

Or, c'est précisément là ce dont M. Darwin le loue. « Lamarck, célèbre naturaliste français, dit-il, développa l'idée que tous les animaux, y compris l'homme, descendent d'autres espèces antérieures. C'était rendre un grand service à la science... »

Le fait est que Lamarck est le père de M. Darwin. Il a commencé son système. Toutes les idées de Lamarck sont, au fond, celles de M. Darwin. M. Darwin ne le dit pas d'abord ; il a trop d'art pour cela. Il effaroucherait son lecteur, et il veut le séduire ; mais, quand il juge le moment venu, il le dit nettement et formellement.

« Je pense, dit-il, que tout le règne animal est descendu de quatre ou cinq types primitifs tout au plus, et le règne végétal d'un nombre égal ou moindre. » — « L'analogie me conduirait même un peu plus loin, c'est-à-dire à la croyance que tous les animaux et toutes les plantes, descendent d'un seul prototype. »

12

Voilà le dernier mot de M. Darwin et de son livre. Mais, au milieu de tant de faits que réunit M. Darwin, et de tant de conclusions hardies qu'il en tire, une observation me frappe : c'est que de ces mêmes faits, Buffon, esprit très-hardi aussi et aussi très-systématique, tire des conclusions absolument contraires.

Ce que M. Darwin appelle perfectionnement, Buffon l'appelle dégénérescence. On connaît son beau chapitre sur la *dégénération des animaux*. Il y passe en revue tous nos animaux domestiques et leurs variétés. Toutes ces variétés lui paraissent autant d'*altérations particulières de chaque espèce*.[1] Il dit du pigeon, animal devenu domestique depuis un temps immémorial : « Comme l'homme a créé tout ce qui dépend de lui, on ne peut douter qu'il ne soit l'auteur de toutes ces races esclaves, d'autant plus perfectionnées pour nous qu'elles sont plus dégénérées, plus viciées pour la nature.[2] » Mais il faut se défier de Buffon ; il faut se défier de M. Darwin. Tous les gens à imagination sont gens à système ; le système consiste à ne voir les choses que d'un côté.

Heureusement que cette grande et fondamentale question de la fixité ou de la mutabilité des espèces a été traitée par un naturaliste qui avait autant de bon sens que Buffon et M. Darwin ont eu d'imagination.

On faisait à M. Cuvier cette objection, relativement aux races perdues qu'il a restaurées : « Pourquoi les races actuelles, lui disait-on, ne seraient-elles pas des modifications de ces races anciennes que l'on trouve parmi les fossiles, modifications qui auraient été produites par les circonstances locales et le changement de climat, et portées à cette extrême différence par la longue succession des années ? »

« Cette objection, dit M. Cuvier, doit surtout paraître forte aux naturalistes qui croient à la possibilité indéfinie de l'altération des formes dans les corps organisés, et qui pensent qu'avec des siècles et des habitudes, toutes les espèces pourraient se changer les unes dans les autres ou résulter d'une seule d'entre elles. »

---

1 Voyez le chapitre sur la *Dégénération des animaux*.
2 *Histoire du Pigeon*.

Pierre Flourens

Cela était dit alors pour M. de Lamarck, et le serait aujourd'hui pour M. Darwin. Il ne prend pas ces naturalistes au sérieux.

« Quant à ceux, continue-t-il, qui reconnaissent que les variétés sont restreintes dans certaines limites fixes, il faut, pour leur répondre, examiner jusqu'où s'étendent ces limites : recherche curieuse, fort intéressante en elle-même, et dont on s'est cependant bien peu occupé jusqu'ici. »

Il se livre donc à cette recherche ; il prend chaque espèce l'une après l'autre, et détermine, dans chacune, le degré de variation qu'elle a pu subir. « Quoique le loup et le renard, dit-il, habitent depuis la zone torride jusqu'à la zone glaciale, à peine éprouvent-ils, dans cet immense intervalle, d'autre variété qu'un peu plus ou un peu moins de beauté dans leur fourrure. J'ai comparé des crânes de renards du Nord et de renards d'Égypte avec ceux des renards de France, et je n'y ai trouvé que des différences individuelles… Une crinière plus fournie, dit-il encore, fait la seule différence entre l'hyène de Perse et celle de Maroc… Le squelette d'un chat d'Angora ne diffère en rien de constant de celui d'un chat sauvage, etc. »

Enfin il arrive au chien, et ici il a fait un travail très-approfondi, travail pour lequel il avait été aidé par son frère, Frédéric Cuvier, le naturaliste le plus exact que j'aie connu.

Les chiens varient pour la couleur, pour l'abondance du poil, qu'ils perdent même quelquefois entièrement ; pour la taille, pour la forme des oreilles, du nez, de la queue ; pour la hauteur relative des jambes, pour le développement du cerveau d'où résulte la forme de la tête, etc., enfin, « et ceci est le maximum de variation connu jusqu'à ce jour dans le règne animal, il y a des races de chiens qui ont un doigt de plus aux pieds de derrière avec les os du tarse correspondants, comme il y a, dans l'espèce humaine, quelques familles sexdigitaires.[1] »

Comme nous sommes loin de M. Darwin et des *effets immenses* qu'il fait produire à son *élection naturelle* ! Ou plutôt comme les faits, vus en eux-mêmes, diffèrent des faits vus à travers l'esprit de système et les *fantômes de l'abstraction*.

Il y a, dans les animaux, des caractères qui résistent à toutes

1 *Discours sur les révolutions de la surface du globe.*

les influences. Ces caractères sont les caractères intérieurs. Le plus profond de ces caractères est celui de la *fécondité* ; et c'est la *fécondité* qui fait *fixité*.

Les *variétés* de nos animaux domestiques sont innombrables. Toutes ces *variétés* n'en sont pas moins fécondes entre elles ; tous nos chiens, tous nos chevaux, tous nos bœufs, etc., sont féconds entre eux et d'une fécondité continue.

Les *espèces* diverses, unies entre elles, n'ont qu'une fécondité bornée. Ceci est le *genre*. En définitive, c'est la fécondité qui décide de tout. L'*espèce* vient de la *fécondité continue* ; le *genre*, de la *fécondité bornée* ; les autres groupes, l'*ordre* et la *classe*, n'ayant plus entre eux de fécondité, n'ont plus, entre eux, de rapports de *consanguinité* ou de *parenté*.

Je termine, et je reviens à mon objet principal : la *fixité* des espèces. Les faits sont avérés et connus de tous.

On a rapporté d'Égypte des momies d'hommes. Les hommes d'aujourd'hui sont comme étaient ceux d'alors. On a rapporté des momies d'animaux : de chiens, de bœufs, de crocodiles, d'ibis, etc. Tous ces animaux sont les mêmes que ceux d'aujourd'hui. Les trois mille ans, écoulés depuis qu'ils vivaient, n'ont rien changé.

Il y a deux mille ans que vivait Aristote. Guidé par l'anatomie comparée, Aristote divisait le règne animal comme le divise aujourd'hui M. Cuvier.

Il y avait des quadrupèdes vivipares ou des mammifères, des oiseaux, des quadrupèdes ovipares ou des reptiles ; il y avait des poissons, des insectes, des crustacés, des mollusques, des rayonnés ou zoophytes. Le règne animal d'Aristote était le règne animal d'aujourd'hui. Les animaux d'Aristote sont reconnus par les moindres particularités qu'il a signalées.

On cherche des merveilles et l'on croit en trouver dans de prétendus changements des êtres. La plus grande merveille est que l'espèce soit *fixe*, et que les espèces diverses restent éternellement distinctes.

Pierre Flourens

II. DU LIVRE DE M. DARWIN (Suite.)

J'ai fait connaître dans mon premier article, l'*élection naturelle* de M. Darwin. Je passe à sa *concurrence vitale*. La concurrence vitale et l'élection naturelle sont les deux pivots sur lesquels tourne tout son système.

La *concurrence vitale* est la guerre perpétuelle que les animaux se font entre eux pour leur subsistance.

« Grâce, dit M. Darwin, à ce combat perpétuel que tous les êtres vivants se livrent entre eux pour leurs moyens d'existence, toute variation, si légère qu'elle soit, et de quelque cause qu'elle procède, pourvu qu'elle soit en quelque degré avantageuse à l'individu dans lequel elle se produit, tend à la conservation de cet individu.

« Deux animaux, dit-il encore, du genre *canis* peuvent être, avec certitude, considérés comme ayant à lutter entre eux à qui obtiendra la nourriture qui lui est nécessaire pour vivre… Le gui dépend du pommier et de quelques autres arbres : on peut dire qu'il lutte contre eux… Plusieurs semences de gui croissant les unes près des autres, sur la même branche, avec plus de vérité encore, luttent entre elles.

Soit. Mais de quelle façon la *concurrence vitale* va-t-elle concourir à l'*élection naturelle* ? Le voici :

À mesure que l'*élection naturelle* profite de tout pour améliorer certains individus, la *concurrence vitale* détruit le plus d'individus qu'elle peut, « afin, dit l'auteur, que l'*élection naturelle* ait plus de matériaux disponibles pour son œuvre de perfectionnement. »

Avec M. Darwin, on a deux classes d'êtres : les êtres *élus*, que l'*élection naturelle* améliore sans cesse, et les êtres *délaissés*, que la *concurrence vitale* est toujours prête à exterminer.

S'entr'aidant ainsi, la *concurrence vitale* et l'*élection naturelle* mènent toutes choses à bonne fin car ici la bonne fin, la fin désirable, c'est que certains individus, les individus *élus*, s'améliorent, se perfectionnent, et que les autres soient détruits et anéantis. « C'est une généralisation de la loi de Malthus, dit M. Darwin, appliquée au règne organique tout entier. »

Une fois ce principe posé, d'un *pouvoir électif* occupé sans relâche à *choisir* ce qui est bon et à *éliminer* ce qui est mauvais, il n'était plus besoin que de *matériaux disponibles*, et ce qui les fournit, c'est la *concurrence vitale*.

La *concurrence vitale* expliquée, revenons à l'*élection naturelle*. « Or, dit M. Darwin, cette loi de conservation des variations favorables et d'élimination des déviations nuisibles, je la nomme *élection naturelle*. »

Voyons donc, encore une fois, ce qu'il peut y avoir de fondé dans ce qu'on nomme *élection naturelle*.

L'*élection naturelle* n'est, sous un autre nom, que la nature. Pour un être organisé, la nature n'est que l'organisation, ni plus, ni moins.

Il faudra donc aussi personnifier l'*organisation*, et dire que l'*organisation* choisit l'*organisation*. L'*élection naturelle* est cette *forme substantielle* dont on jouait autrefois avec tant de facilité. Aristote disait que, « si l'art de bâtir était dans le bois, cet art agirait comme la nature. » À la place de l'*art de bâtir*, M. Darwin met l'*élection naturelle*, et c'est tout un : l'un n'est pas plus chimérique que l'autre.

Mais, pour Dieu ! laissons enfin tous ces raisonnements inutiles. L'abus du raisonnement perd tout :

Et le raisonnement en bannit la raison,

dit Chrysale dans les *Femmes savantes*. Venons aux faits. M. Darwin cite-t-il un seul fait, je dis un seul, dont on puisse conclure qu'une espèce s'est changée en une autre ? Quelqu'un a-t-il jamais vu un poirier se changer en pommier, un mollusque se changer en insecte, un insecte en oiseau ?

Plus j'y réfléchis, plus je me persuade que M. Darwin confond la *variabilité* avec la *mutabilité*. Ce sont deux mots, ou plutôt deux phénomènes qu'on ne peut séparer assez. La *variabilité*, ce sont les variations, les nuances plus ou moins tranchées, des variétés d'une même espèce : elles sont toutes *intrinsèques* ; aucune ne sort de l'espèce. La *mutabilité*, c'est tout autre chose ; c'est le changement radical d'une espèce en une autre, et ce changement radical ne s'est

Pierre Flourens

jamais vu.

Linné disait, en parlant des *variétés* : « Il y a autant de *variétés* que de végétaux différents, produits par la semence ou la graine d'une même plante ; » et M. Decaisne l'a bien prouvé : il a obtenu autant de variétés qu'il a semé de graines de poirier.

M. Darwin ne connaît point le vrai caractère de l'espèce. Il affecte même d'en faire fi. Cependant tout est là, et, si l'on n'est sûr de l'espèce, on n'est sûr de rien.

« Je ne puis discuter ici, dit M. Darwin, les diverses définitions qu'on a données du terme d'*espèce*. Aucune de ces définitions n'a encore satisfait pleinement tous les naturalistes, et cependant chaque naturaliste sait, au moins vaguement, ce qu'il entend quand il parle d'une espèce. » Je ne crois pas du tout que *chaque naturaliste* s'en tienne là. Mais, pour le moment, peu m'importe ; la position de M. Darwin est toute particulière : c'est sur l'*espèce* qu'il fait un livre.

Il dit des *variétés*, « Le terme de *variété* est presque également difficile à définir, mais l'idée d'une descendance commune est presque généralement impliquée, quoiqu'elle puisse bien rarement se prouver. »

Il dit enfin, et tout à la fois, des espèces et des variétés : « On ne saurait contester que beaucoup de *formes*, considérées comme des variétés par des juges hautement compétents, ont si parfaitement le caractère d'espèces qu'elles sont rangées comme telles par des juges d'un égal mérite. Quant à discuter si des *formes* qui diffèrent sont à juste titre appelées espèces ou variétés avant qu'une définition de ces termes ait été universellement adoptée, ce serait prendre une peine inutile. » Comment *inutile* ? mais elle était d'autant plus nécessaire qu'on avait plus négligé de la prendre.

Il y a deux caractères qui font juger de l'espèce : la *forme*, comme dit M. Darwin, ou la *ressemblance*, et la *fécondité*. Mais il y a longtemps que j'ai fait voir que la *ressemblance*, la *forme*, n'est qu'un caractère accessoire : le seul caractère essentiel est la *fécondité*. « La comparaison de la ressemblance des individus, dit Buffon, n'est qu'une idée accessoire et souvent indépendante de la première (la succession constante des individus par la génération) ; car l'âne ressemble au cheval plus que le barbet au lévrier, et cependant le barbet et le lévrier ne font qu'une même espèce, puisqu'ils produisent ensemble des individus qui peuvent eux-mêmes en produire d'autres, au lieu que le cheval et l'âne sont certainement de différentes espèces puisqu'ils ne produisent ensemble que des individus viciés et inféconds.[1] »

L'espèce est d'une *fécondité continue*, et toutes les variétés sont entre elles d'une *fécondité continue*, ce qui prouve qu'elles ne sont pas sorties de l'espèce, qu'elles restent espèce, qu'elles ne sont que l'espèce qui s'est diversement nuancée.

Au contraire, les espèces sont distinctes entre elles, par la raison décisive qu'il n'y a entre elles qu'une *fécondité bornée*.

J'ai déjà dit cela, mais je ne saurais trop le redire.

On voit combien M. Darwin s'abuse lorsqu'il appelle les *variétés* des *espèces naissantes*. C'est, au reste, par là qu'il commence la chaîne de ses mutations. La *variété* se fait *espèce*, l'espèce se fait type de *genre*, le genre passe du genre à l'*ordre*, l'ordre passe à la *classe*, et c'est ainsi que M. Darwin conclut par ces mots que j'ai déjà cités, et qui résument tout son système : « Je pense que tout le règne animal est descendu de quatre ou cinq types primitifs tout au plus. L'analogie même me conduirait un peu plus loin, c'est-à-dire à la croyance que tous les animaux descendent d'un seul prototype. »

Cependant il ne faudrait pas croire que M. Darwin ne trouve pas à tout cela quelques difficultés : il y en trouve beaucoup, au contraire, mais il les résout toutes, bien entendu.

Par exemple, on lui dit : « Si toutes les espèces descendent d'autres espèces antérieures par des transitions graduelles presque insensibles, comment se fait-il que nous ne trouvions pas partout d'innombrables formes transitoires ? »

M. Cuvier avait cru, pour son compte, cette réponse victorieuse. Peut-être, lui disait-on, les animaux des divers âges du globe ne sont-ils que des modifications les uns des autres ? C'était à peu près l'idée de M. Darwin. « Mais, répondait Cuvier, si

1 *Histoire de l'âne.*

Pierre Flourens

cette transformation a eu lieu, pourquoi la terre ne nous en a-t-elle pas conservé les traces ? Pourquoi ne découvre-t-on pas, entre le *palœotherium*, le *megalonyx*, le *mastodonte*, etc., et les espèces d'aujourd'hui, quelques formes intermédiaires ?[1] »

« Pourquoi, dit-on à M. Darwin, pourquoi pas d'innombrables formes transitoires ? »

« C'est, répond-il, que les variétés transitoires doivent avoir été exterminées. » Exterminées ou non, j'en dois trouver les restes, les traces, et cela seul m'importe.

M. Darwin se rejette sur les ossements fossiles. « En considérant, non pas une époque particulière, dit-il, mais toute la succession des temps, si ma théorie est vraie, d'innombrables variétés intermédiaires reliant étroitement les unes aux autres toutes les espèces d'un même groupe doivent assurément avoir existé ; mais le procédé d'élection naturelle tend à exterminer les formes-mères et les formes intermédiaires. Conséquemment on ne peut s'attendre à trouver des preuves de leur existence antérieure que parmi les débris fossiles qui se sont conservés jusqu'à nous. »

M. de Blainville pensait, en effet, dans son idée supérieure de l'*unité du règne animal*, que les espèces qui manquent dans la série des êtres vivants devaient se trouver parmi les êtres fossiles.

« Tant qu'il s'était borné, dis-je dans son *Éloge historique*, à l'étude des espèces actuelles, la série animale lui avait offert partout des *lacunes*, des *vides*. Partout des êtres manquaient. C'est alors que, dans un éclair de génie, il voit et retrouve dans la nature perdue les êtres qui manquent à la nature vivante, et qu'il intercale avec une habileté surprenante, parmi les espèces actuelles, les espèces fossiles, saisissant, dès ce moment même, et, le premier, entre tous les naturalistes, nous découvrant enfin l'*unité du règne*. »

La grande vue de M. de Blainville méritait d'être rappelée par M. Darwin ; mais M. Darwin ne cite que les auteurs qui partagent ses opinions ; il cite à peine M. Cuvier, et ne cite pas du tout M. de Blainville.

Voici une autre difficulté plus difficile à résoudre. On ne peut ici avoir recours aux fossiles.

« Comment se fait-il, dit-on à M. Darwin, avec votre système des

---

1 *Discours sur les révolutions du globe.*

II. DU LIVRE DE M. DARWIN (Suite.)

gradations insensibles, que les espèces soient si bien définies, et que tout ne soit pas en confusion dans la nature ? »

Cette dernière objection est décisive : entre les espèces, toujours distinctes, *bien définies*, comme dit M. Darwin, et les espèces toujours en voie de passer de l'une à l'autre, il y a une contradiction formelle.

On continue. « Comment, par exemple, un animal carnivore terrestre peut-il avoir été transformé en animal aquatique ? Comment, aurait-il pu vivre pendant son état transitoire ? — Il serait aisé de démontrer, répond M. Darwin, que, dans le même groupe, il existe des animaux carnivores qui présentent tous les degrés intermédiaires entre des habitudes véritablement aquatiques et des habitudes exclusivement terrestres. Comme chacun d'eux n'existe qu'en vertu d'un triomphe de la *concurrence vitale*, il est clair que chacun d'eux doit être convenablement adapté à ses habitudes et à sa situation dans la nature. » C'est-à-dire que de deux animaux en voie de passer du terrestre à l'aquatique, ou de l'aquatique au terrestre, l'un n'existe que lorsque la concurrence vitale a exterminé l'autre.

« Le procédé d'extinction et celui d'élection naturelle marchent de pair, dit M. Darwin ; il suit de là que si nous considérons chaque espèce comme descendant de quelque forme inconnue, la forme-mère, de même que les variétés transitoires, devront avoir été exterminées, par suite du procédé même de la formation. »

Ce cas paraît donc à M. Darwin des plus simples. « Mais si l'on avait demandé, ajoute-t-il, comment un quadrupède insectivore peut avoir été métamorphosé en une chauve-souris, capable de vol, la question eût été plus difficile à résoudre, et je n'aurais pu y répondre pour le moment d'une manière satisfaisante. J'ai la conviction cependant que de pareilles objections ont peu de poids, et que ces difficultés ne sont pas insolubles. »

On ne se lasse point. « Pouvons-nous croire, dit-on à M. Darwin, que l'élection naturelle réussisse à produire, d'un côté, des organes de peu d'importance, tels que la queue d'une girafe pour lui servir de chasse-mouches, et, d'autre coté, des organes d'une structure aussi merveilleuse que celle de l'œil dont nous pouvons à peine comprendre l'inimitable perfection ? »

Pierre Flourens

Arrêtons-nous un moment.

Comment ose-t-on se poser de pareilles questions, et se les poser avec espoir de les résoudre ? Qui comprendra jamais comment se forme la queue d'une girafe ou l'œil de l'homme ?

M. Darwin se défendait beaucoup, au commencement de son livre, de donner autre chose à la nature qu'une élection *inconsciente*. « Dans le sens littéral du mot, disait-il alors, il n'est pas douteux que le terme d'élection naturelle ne soit un contresens. » Je poursuis ma lecture, et enfin j'arrive à ces mots : « Il faut admettre qu'il existe un *pouvoir intelligent* : c'est l'*élection naturelle*, constamment à l'affût de toute altération produite, pour saisir avec soin celles de ces altérations qui peuvent être « *utiles* de quelque manière et à quelque degré que ce soit. »

Je voudrais, pour l'édification de mon lecteur, lui donner une théorie complète de la formation des êtres d'après M. Darwin. Mais je remarque, d'abord, que son système n'a pas de commencement. Le commencement obligé de tout système, qui fabrique les êtres de toutes pièces, est la *génération spontanée*. On a beau s'en défendre : tout système de ce genre commence par la *génération spontanée* ou y aboutit : témoins, Lamarck, Geoffroy Saint-Hilaire, et les autres, tous à la suite de Buffon.

Buffon imagine les *molécules organiques*. Ces molécules réunies forment les êtres vivants. Les animaux, déjà formés, les tirent des substances dont ils se nourrissent : ils s'en servent pour leur nutrition. Une fois introduites, par la nutrition, dans les parties, les molécules organiques, indestructibles et réversibles, s'y disséminent et s'y moulent : les parties sont les *moules intérieurs* des molécules. Une fois moulées, les molécules qui n'ont pas servi à la nutrition sont renvoyées dans des réservoirs particuliers (les *vésicules séminales*), et là les molécules similaires appellent les similaires, celles qui viennent des yeux se réunissent pour former des yeux, celles qui viennent du bras se réunissent pour former des bras, etc. ; et c'est ainsi que, dans Buffon, on a du moins l'*origine*, le commencement des êtres.

Faute de *génération spontanée*, M. Darwin est réduit à créer ses espèces avec d'autres espèces. Il tire les êtres actuels d'*existences antérieures* mais cela est peu sensé. Les ancêtres remontent à des ancêtres, ceux-là à d'autres, et ainsi sans fin. En histoire naturelle, il n'y a que deux origines possibles : ou la *génération spontanée*, ou la main de Dieu. Choisissez. M. Darwin écrit un livre sur l'*origine des espèces*, et, dans ce livre, ce qui manque, c'est précisément l'origine des espèces.

Ce que c'est que de venir trop tard : on ne croit plus aujourd'hui à la *génération spontanée*. Heureux Lamarck ! « Il expliquait, dit M. Darwin, l'existence actuelle d'organismes très-simples, en supposant qu'ils provenaient de *générations spontanées*. »

Je termine, pour aujourd'hui, l'examen auquel je me livre. Je le reprendrai dans un troisième article.

Le système de M. Darwin est fait avec un art infini. L'auteur est un homme plein de ressources, d'une fertilité d'esprit inépuisable, d'un savoir immense.

Son livre a déjà, pour lui, presque tout le monde. Il a gagné d'abord tous ceux qui pensent à peu près de même, et le nombre en est grand, surtout depuis Lamarck et Geoffroy Saint-Hilaire. Il est peu d'esprits, d'ailleurs, assez fermes pour contempler d'un œil assuré l'inébranlable fixité des espèces, et cette éternelle immobilité des êtres, qui les fait se succéder, d'un cours régulier, et toujours également distincts, également séparés, à une égale distance les uns des autres. C'est là le grand spectacle et le grand côté des choses. Les petites variations, plus à notre portée, nous absorbent. Les petits phénomènes nous font oublier les grands.

III. DU LIVRE DE M. DARWIN (Suite.)

Je ne reviendrai pas sur le système de M. Darwin. Ce système est d'une contexture fort singulière : à côté des choses les plus vulgaires et les plus connues, se trouvent les idées les plus déliées et les plus subtiles. Je ne puis le lire sans me rappeler involontairement ces paroles de Fontenelle, dans l'*Éloge de Malebranche* : « Il s'y trouve un mélange adroit de quantité de choses moins abstraites qui,

Pierre Flourens

étant facilement entendues, encouragent le lecteur à s'appliquer aux autres, le flattent de pouvoir tout entendre et peut-être lui persuadent qu'il entend tout à peu près. »

On m'annonce un traité sur l'origine des espèces. J'ouvre le livre, et, sur l'origine des espèces, je ne trouve rien. Il s'agit seulement de leur transformation. Et, pour cette transformation, on imagine une *élection naturelle* que, pour plus de ménagement, on me dit être *inconsciente*, sans s'apercevoir que le contre-sens littéral est précisément là : *élection inconsciente.*

Suit un très-long chapitre sur les variations des animaux domestiques. Les animaux domestiques sont les exemples les plus sûrs de la *variabilité* des espèces, mais ils sont aussi l'exemple le plus sûr de leur *immutabilité*, de leur *fixité.*

Ne confondez donc pas toujours la *variabilité* avec la *mutabilité* : il faut bien deux noms pour distinguer deux phénomènes. La *variabilité* est la subdivision de l'espèce en variétés ; la *mutabilité* est la transformation des espèces les unes en les autres. Nous voyons tous les jours des variétés nouvelles dans nos animaux domestiques ; nous n'avons jamais vu un animal domestique se transformer en un autre : un cheval, en bœuf ; une brebis, en chèvre, etc.

J'ai déjà dit ce qu'il faut penser de l'*élection naturelle*. Ou l'*élection naturelle* n'est rien, ou c'est la nature ; mais la nature douée d'*élection*, mais la nature *personnifiée* : dernière erreur du dernier siècle ; le XIXe ne fait plus de *personnifications.*

Je passe à l'instinct. C'est ici le comble.

L'instinct est inné, essentiellement inné ; et ce n'est pas seulement la faculté-instinct qui est innée, elle aurait cela de commun avec toutes les autres facultés, avec l'intelligence même qui comme faculté est innée. Ce qui est particulier à l'instinct, c'est que c'est tel ou tel acte très-compliqué, très-déterminé, qui est inné : la toile de l'araignée, la cellule de l'abeille, etc.

M. Darwin veut que l'instinct ne soit que le *résultat de petites*

III. DU LIVRE DE M. DARWIN (Suite.)

conséquences contingentes.

« Si l'on peut prouver, dit-il, que les instincts varient quelquefois, si peu que ce soit, dès lors je ne vois aucune difficulté à ce que *l'élection naturelle* conserve et accumule continuellement toute variation d'instinct, sans qu'il soit possible de poser une limite fixe où son action doive nécessairement s'arrêter. Telle serait donc, selon moi, l'origine de tous les instincts les plus compliqués, les plus merveilleux. »

On ne peut prendre cela au sérieux : *l'élection naturelle* élisant un instinct !

La poésie a ses licences, mais
Celle-ci passe un peu les bornes que j'y mets.

M. Darwin nous dit : « Je ne puis croire qu'une fausse théorie nous explique, comme le fait la loi d'élection naturelle, les diverses grandes séries de faits dont j'ai parlé. » Admirable naïveté ! M. Darwin s'est-il jamais aperçu qu'une explication *verbale*, qu'une explication purement de mots, comme *l'élection naturelle*, ait jamais contrarié quelqu'un ? Buffon a-t-il été gêné par les *molécules organiques* ? Lamarck par la *génération spontanée*, et Maupertuis lui-même par les *attractions organiques*, quoiqu'il ne fût pas un Buffon, ni même un Lamarck ?

« On peut se demander, dit M. Darwin, pourquoi presque tous les plus éminents naturalistes ont rejeté cette idée de la mutabilité des espèces ? » Eh ! mon Dieu ! par une raison bien simple : parce qu'ils n'ont jamais vu d'espèce se transformer, et que vous ne leur en montrez point.

« On peut se demander, dit encore M. Darwin, jusqu'où s'étend la doctrine des modifications de l'espèce. La question est difficile à résoudre, parce que plus les formes que nous avons à considérer sont distinctes, et plus nos arguments manquent de force. »

Vous prenez mal la question : ce n'est pas par les formes que vous la résoudrez, c'est par la fécondité ; je vous l'ai déjà dit.

M. Darwin continue : « Aucune distinction absolue n'a été et ne peut être établie entre les espèces et les variétés. » Je vous ai déjà dit que vous vous trompiez : une distinction absolue sépare les variétés d'avec les espèces mais pour ne pas revenir sur la raison que j'ai amplement donnée, la fécondité, voici un fait :

Pierre Flourens

Les races humaines sont distinctes, et assurément bien tranchées, et depuis bien des siècles. En voit-on aucune qui tourne à l'autre, qui passe ou qui soit passée à l'autre ?

Buffon dit avec éloquence : « Lorsque, après des siècles écoulés, des continents traversés et des générations déjà dégénérées par l'influence des différentes terres, l'homme a voulu s'habituer dans des climats extrêmes, et peupler les sables du Midi et les glaces du Nord, les changements sont devenus si grands et si sensibles qu'il y aurait lieu de croire que le nègre, le Lapon et le blanc forment des espèces différentes, si l'on n'était assuré que ce blanc, ce Lapon et ce nègre, si dissemblables entre eux, peuvent cependant s'unir ensemble et propager en commun la grande et unique famille du genre humain. Ainsi leurs taches ne sont pas originelles ; leurs dissemblances n'étant qu'extérieures, ces altérations de nature ne sont que superficielles ; et il est certain que tous ne font que le même homme.[1] »

Je reviens à M. Darwin. Après tant et de si belles choses, il s'arrête content et satisfait. « Celui qui a quelque disposition, dit-il, à attacher plus de poids à des difficultés inexpliquées, qu'à l'explication d'un certain nombre de faits, rejettera certainement ma théorie. Un petit nombre de naturalistes, doués d'une *intelligence ouverte*, peuvent être influencés par cet ouvrage. »

Laissons-donc cet ouvrage aux *intelligences ouvertes*.

Nul n'aura de l'esprit hors nous et nos amis.

Pour nous délasser un peu de tant d'inutiles subtilités, venons à quelques naturalistes, désintéressés de tout système et ne cherchant que la vérité.

J'ai déjà cité Cuvier et ses belles observations sur les animaux de l'ancienne Égypte.

« J'ai examiné, dit-il, avec le plus grand soin, les figures d'animaux et d'oiseaux gravés sur les nombreux obélisques venus d'Égypte dans l'ancienne Rome. Toutes ces figures sont pour l'ensemble, qui seul a pu être l'objet de l'attention des artistes, d'une ressemblance parfaite avec les espèces telles que nous les voyons aujourd'hui…

« On a eu soin de recueillir dans les tombeaux et dans les temples

1 Voyez le chapitre sur la *Dégénération des animaux*.

III. DU LIVRE DE M. DARWIN (Suite.)

de la haute et de la basse Égypte le plus qu'on a pu de momies d'animaux. On a rapporté des chats, des ibis, des oiseaux de proie, des chiens, des singes, des crocodiles, etc., embaumés, et l'on n'aperçoit certainement pas plus de différence entre ces êtres et ceux que nous voyons, qu'entre les momies humaines et les squelettes d'hommes d'aujourd'hui. On pouvait en trouver entre les momies d'ibis et l'ibis tel que le décrivaient jusqu'à ce jour les naturalistes ; mais j'ai levé tous les doutes dans un mémoire sur cet oiseau, où j'ai montré qu'il est encore maintenant le même que du temps des Pharaons. Je sais bien que je ne cite là que des individus de deux ou trois mille ans, mais c'est toujours remonter aussi loin que possible.[1] »

Les momies d'Égypte sont des témoins aussi *authentiques qu'irréprochables* (selon la belle expression de Buffon à propos des *ossements fossiles*) de l'état où se trouvaient les animaux il y trois mille ans. Et de cet état si ancien, les animaux actuels ne diffèrent point. L'*élection naturelle* de M. Darwin n'y a rien changé.

Mais voici quelque chose d'un autre genre et peut-être encore plus curieux.

Rien n'est plus intéressant que le beau travail de M. Roulin sur les animaux transportés de l'Ancien continent dans le Nouveau, lors de la conquête de l'Amérique : le porc, le cheval, l'âne, la brebis, la chèvre, la vache, le chien et le chat.

Tous ces animaux ont plus ou moins quitté leur livrée de servage et repris leurs premiers vêtements de nature et de liberté.

« Errant tout le jour dans les bois, les porcs ont perdu presque toutes les marques de la servitude : les oreilles se sont redressées, la tête s'est élargie, relevée à la partie supérieure ; la couleur est redevenue constante ; elle est entièrement noire. Les jeunes individus, sur une robe un peu moins obscure, portent en lignes fauves la livrée comme les marcassins.[2] »

« Les chevaux, dit encore M. Roulin, sont presque entièrement abandonnés à eux-mêmes : on les rassemble seulement de temps en temps pour les empêcher de devenir tout à fait sauvages. Par suite de cette vie indépendante, un caractère appartenant à l'espèce

1 *Discours sur les révolutions de la surface du globe.*
2 *Recherches sur les changements observés dans les animaux domestiques transportés de l'ancien dans le nouveau continent.* (*Mémoires de l'Institut*, t. VI, p. 326.)

Pierre Flourens

non réduite, la constance de couleur, commence à se remontrer ; le bai-châtain est non-seulement la couleur dominante, mais presque l'unique couleur. »

M. Roulin finit par cette observation générale : « Les habitudes d'indépendance amènent aussi leurs changements qui paraissent tendre à faire remonter les espèces domestiques vers les espèces sauvages qui en sont la souche. »

Et maintenant qu'est-ce que cet invincible penchant des espèces à remonter toujours vers leurs souches ? Qu'est-ce que cette reversion toujours imminente, sinon le dernier et définitif indice de leur *fixité* ?

Évidemment, elles tendent plutôt à se recommencer elles-mêmes qu'à passer à d'autres. C'est tout juste le contraire de ce que pense M. Darwin.

Je finis, et c'est finir bien différemment de lui. Il conclut à la *mutabilité* et je conclus à la *fixité*. C'est qu'il suivait un système et que j'ai suivi les faits.

Le livre de M. Darwin est devenu l'objet d'un engouement général.

Déjà, depuis plusieurs années, le public était provoqué de ce côté-là. Lamarck avait commencé. Lamarck admettait sans difficulté, comme nous avons vu, que les espèces changent, qu'elles passent des inférieures aux supérieures, qu'elles sont dans un mouvement, et, pour parler comme M. Darwin, dans un *progrès* perpétuel.

À Lamarck succéda Geoffroy Saint-Hilaire : il n'était pas fait pour rasseoir les esprits ; la doctrine de la *mutabilité* ne fit que s'accroître de plus belle ; on s'y habitua.

Enfin l'ouvrage de M. Darwin a paru. On ne peut qu'être frappé du talent de l'auteur. Mais que d'idées obscures, que d'idées fausses ! Quel jargon métaphysique jeté mal à propos dans l'histoire naturelle, qui tombe dans le galimatias dès qu'elle sort des idées claires, des idées justes. Quel langage prétentieux et vide ! Quelles personnifications puériles et surannées ! Ô lucidité ! Ô solidité de l'esprit français, que devenez-vous ?

Je laisse M. Darwin.

III. DU LIVRE DE M. DARWIN (Suite.)

Je reviens à la question même de l'*Origine des espèces*.

Je l'ai déjà dit, pour les êtres organisés, il n'y a que deux origines possibles : la *génération spontanée* ou la main de Dieu.

La *génération spontanée* ! mais comment l'admettre ? Tout la repousse.

Ce n'est que dans les siècles de la plus affreuse ignorance qu'on a pu l'admettre pour les animaux supérieurs, pour l'homme. Aristote ne l'a jamais admise qu'à son corps défendant, même pour les animaux inférieurs, même pour les insectes.

Il reconnaît que la plupart des insectes : les araignées, les sauterelles, les criquets, les cigales, les scorpions, etc., naissent d'un œuf et viennent de parents de la même espèce. C'est qu'il avait étudié la génération de ceux-là. Pour les autres, l'observation lui manque, et ici ce n'est que par l'observation seule qu'on arrive à la vérité.

La question de la *génération spontanée* est une question expérimentale, et ce n'est que lorsque l'on a su faire des expériences que les tentatives, faites pour la résoudre, ont eu une valeur réelle.

Redi a commencé. Le XVIIe siècle n'a rien, en ce genre, de plus beau que les admirables expériences de Redi sur la génération des insectes. Personne n'ose dire, depuis Redi, que les insectes viennent de *génération spontanée*.[1]

On le disait encore, il y a quelques années, des vers *parasites* : depuis M. Van Beneden, on ne le dit plus.[2]

On le disait, il y a quelques jours à peine, des *infusoires* : depuis M. Balbiani on ne le dit plus.[3]

On ne le dit plus du tout, et pour aucun animal, depuis M. Pasteur.

M. Pasteur a vidé la question.

En effet, d'où les animalcules, prétendu produit de la *génération spontanée*, peuvent-ils venir ?

De l'air ? mais, de l'air pur, on ne tire rien. Des liqueurs putrescibles qu'on y expose ? mais (et c'est là l'expérience propre de M. Pasteur)

---

1 *Esperienze intorno alla generazione d'egl'insetti.* 1668.
2 *Du mode et du développement des vers intestinaux et de leur transmission d'un animal à l'autre.* 1853.
3 *Mémoire sur les phénomènes sexuels des infusoires.* 1862.

Pierre Flourens

M. Pasteur a prouvé « qu'il est toujours possible de prélever, en un lieu déterminé, un volume notable, mais limité, d'air ordinaire n'ayant subi aucune espèce de modification physique ou chimique, et tout à fait impropre néanmoins à provoquer une altération quelconque dans une liqueur éminemment putrescible.[1] »

Évidemment, ou il n'y a point de *génération spontanée*, ou il doit y avoir des animaux *générés*, des animaux *produits*, partout où se trouvent à la fois de l'air et des liqueurs putrescibles.

La *génération spontanée* n'est donc pas.

Des deux *origines* que j'ai posées pour tout être organisé, il n'en reste donc qu'une : la main de Dieu.

Mais dès qu'on remonte à la main de Dieu, tout change. Ce n'est plus une vaine nature, une nature *personnifiée*, et que chacun *personnifie* comme il lui plaît, que l'on a en face, mais un art, et un grand art. On passe des systèmes puérils des hommes à la réalité des choses ; et, dès qu'on en est là, on voit bien vite ce que l'on sait, ce qu'on peut savoir, ce qu'on ignore : il n'y a plus d'illusion possible.

J'admire toujours la clairvoyance d'un des esprits les plus justes qu'il y ait eu, et des plus profonds même, quoique sous les formes les plus piquantes : de Voltaire.

« *Freind*. Et si je vous disais qu'il n'y a point de nature, et que dans nous, autour de nous, et à cent mille millions de lieues, tout est art sans aucune exception.

Birton. Comment ! tout est art ? en voici bien d'une autre !

Freind. Presque personne n'y prend garde ; cependant rien n'est plus vrai. Portez vos yeux sur vous-même ; examinez avec quel art étonnant, et jamais assez connu, tout y est construit. Les secours dans le corps sont si artificieusement préparés de tous côtés, qu'il n'y a pas une seule veine qui n'ait ses valvules, ses écluses, pour ouvrir au sang ses passages : depuis la racine des cheveux jusqu'aux orteils des pieds, tout est art, tout est préparation, moyen et fin[2]… »

Un autre esprit, souverainement juste aussi, Cuvier, portait sur la nature le même coup d'œil vaste et sûr.

1 *Comptes rendus*, t. LVII, p. 724.
2 *Histoire de Jenni*, t. XXXIV, p. 388 (édition de Beuchot).

III. DU LIVRE DE M. DARWIN (Suite.)

« L'histoire naturelle, dit-il, a un principe rationnel qui lui est particulier, et qu'elle emploie avec avantage en beaucoup d'occasions : c'est celui des *conditions d'existence*, vulgairement nommé des *causes finales*. Comme rien ne peut exister s'il ne réunit les conditions qui rendent son existence possible, les différentes parties de chaque être doivent être coordonnées de manière à rendre possible l'être total, non-seulement en lui-même, mais dans ses rapports avec ceux qui l'entourent ; et l'analyse de ces conditions conduit souvent à des lois générales tout aussi démontrées que celles qui dérivent du calcul et de l'expérience.[1] »

C'est le principe des *conditions d'existence* qui a conduit Cuvier à la *reconstruction* de toutes les espèces fossiles, et qui nous a valu la *paléontologie*.

Or, quand on est venu là, quand on a pénétré aussi avant dans l'organisation des êtres vivants, peut-on s'amuser encore à quelque petit système, et s'imaginer que l'*élection naturelle* de M. Darwin suffit pour y rendre raison de tout ?

IV. DE LA VARIABILITÉ DANS L'ESPÈCE (EXPÉRIENCES DE M. DECAISNE)

D'où viennent les *races* ? Des *variétés* de l'espèce, me dira-t-on. Oui, sans doute ; mais qui s'en est assuré ? Qui l'a vu ? Qui a pris l'espèce, si je puis ainsi dire, en *flagrant délit* de variation ?

« Les naturalistes, dit M. Decaisne, ont signalé un assez grand nombre de *variétés*, surtout dans les arbres fruitiers où elles étaient plus apparentes ; mais on en chercherait vainement l'origine dans leurs écrits, et quoiqu'ils laissent vaguement supposer qu'elles sont ou peuvent être le produit de la culture, aucun d'eux ne dit positivement que telle variété nouvelle est née de telle autre.[2] »

« On s'étonnera peut-être, ajoute M. Decaisne, qu'une telle question soit encore à résoudre, car si elle a de l'importance pour la pratique agricole, elle n'en a pas moins pour la science elle-même. »

M. Decaisne a raison : elle en a pour la science, et beaucoup.

---

1 *Le Règne animal*, t. I, p. 5.
2 Voyez le *Compte rendu des séances de l'Académie*, t. LVII, p. 6.

Pour arriver donc à la résoudre scientifiquement, c'est-à-dire expérimentalement, et d'une manière définitive, il a fait un nombreux semis de graines de poirier. Ces graines ont levé ; les arbres se sont développés ; ils ont *fructifié*, et, dès la première génération, leur *variabilité* s'est manifestée.

Les quatre *variétés* que M. Decaisne avait choisies pour son expérience étaient des *variétés* bien déterminées.

Or, l'un de ces poiriers a donné quatre variétés nouvelles ; le second en a donné neuf ; le troisième en a donné trois et le quatrième six.

Et ce n'est pas seulement par le fruit que ces arbres diffèrent ; ils diffèrent en tout : par la précocité, par le port, par la forme des feuilles. « Autant d'arbres, autant d'aspects différents : les uns sont épineux, les autres sont sans épines ; ceux-ci ont le bois grêle, ceux-là l'ont gros et trapu. — Rien n'aurait été plus facile, dit M. Decaisne, que de faire de ces jeunes arbres presque autant d'espèces nouvelles, si l'on n'avait pas su d'où ils provenaient. »

Il n'est pas jusqu'à la sève qui ne varie dans le poirier : ce qui le prouve, c'est que plusieurs variétés ne reprennent que sur le poirier franc et ne reprennent pas sur le cognassier.

La *variabilité*, en un mot, est inépuisable : c'est une infinité de nuances sur un fond commun ; c'est une unité subsistante sous mille modifications diverses.

Facies   non   omnibus   una,
Nec diversa tamen, qualem decet esse sororum.

« On connaît déjà, dit M. Decaisne, les étonnantes transformations qui ont été récemment observées au Muséum, dans certains groupes de végétaux. Les faits que je signale sont de même ordre, et conduisent à des conclusions semblables, qui sont, d'une part, l'apparition contemporaine de races nouvelles, et en définitive l'unité spécifique de toutes les races et variétés d'une même espèce. »

« Je regarde, dit M. Naudin, toutes ces faibles espèces, énumérées sous le nom de races et de variétés comme des formes dérivées d'un premier type spécifique, et ayant par conséquent une

IV. DE LA VARIABILITÉ DANS L'ESPÈCE

origine commune. Je vais plus loin : les espèces, même les mieux caractérisées, sont, pour moi, autant de formes secondaires, relativement à un type plus ancien qui les contenait toutes virtuellement, comme elles-mêmes contiennent toutes les variétés auxquelles elles donnent naissance sous nos yeux, lorsque nous les soumettons à la culture. »

Buffon avait eu une vue à peu près semblable et s'y complaisait. Il tirait tous les animaux quadrupèdes d'un petit nombre de familles, ou souches principales. « En comparant, dit-il, tous les animaux et les rappelant chacun à leur genre, nous trouverons que les deux cents espèces de quadrupèdes qui nous sont connues peuvent se réduire à un petit nombre de familles ou souches, desquelles il n'est pas impossible que toutes les autres soient issues.[1] »

Il réduit donc tous les quadrupèdes à quinze genres ou familles. Ces genres sont celui des *solipèdes* : le cheval, le zèbre, l'âne, etc. ; celui des *grands pieds-fourchus* à cornes creuses, le bœuf, le buffle, etc. ; celui des *petits pieds-fourchus* à cornes creuses, les brebis, les chèvres, etc. ; celui des *pieds-fourchus* à cornes pleines, l'élan, le renne, le cerf, le daim, l'axis, le chevreuil, etc.

Il est inutile d'aller plus loin : Buffon passe ainsi en revue ces quinze genres ou familles ; et cela posé, il fait naître, dans chaque genre, d'un seul animal donné tous les autres animaux du genre : du cheval ou de l'âne, par exemple tous les solipèdes ; du bœuf ou du buffle, tous les grands pieds-fourchus ; de la chèvre ou de la brebis, tous les petits pieds-fourchus ; etc.

Tout cela, à le prendre rigoureusement, n'est évidemment que pure conjecture. Nous étudions ce qui est, et nous ne savons point ce qui a été dans des temps plus ou moins anciens, temps que chacun se figure, d'ailleurs, comme il lui plaît. Assurément l'âne ne vient pas plus du cheval que le bœuf du buffle. Mais que Buffon était devenu grand zoologiste, j'entends zoologiste classificateur ! On se rappelle tout le mal qu'il avait commencé par dire des méthodes ; mais ici quel sentiment des vrais rapports dans la constitution savante de ces genres ! Cuvier, guidé par toutes les lumières de l'anatomie comparée, n'eût pas mieux fait. C'est la méthode

---

1 Voyez le chapitre sur la *Dégénération des animaux*.

naturelle dans toute sa pureté et toute sa grandeur ; et qu'il y a loin de Buffon, naturaliste si consommé au moment où il finit son livre, à Buffon commençant son livre et ne sachant pas un mot d'histoire naturelle ! Alors il se moque de Linné, il ne veut d'autre ordre, pour classer les animaux, que celui qui résulte des rapports d'*utilité* ou de *familiarité* qu'ils ont avec nous, « et cela, dit-il, parce qu'il nous est plus facile, plus agréable et plus utile de considérer les choses par rapport à nous, que sous un autre point de vue. »

Il range donc les animaux, selon qu'ils sont plus *utiles* ou plus *familiers* : le cheval, le bœuf, le chien, le cochon, la chèvre, etc. Il poursuit son œuvre ; et arrivé aux singes, il les distribue en ordres, en familles, en genres, comme le meilleur et le plus exercé classificateur. Enfin, il vient à ce beau chapitre sur la *Dégénération des animaux* par lequel il termine son *Histoire des quadrupèdes* ; et c'est là qu'il nous étonne par le sentiment profond des *rapports naturels*, sentiment auquel l'avaient conduit l'habitude de voir et son esprit éminemment perfectible.

Mais il ne devait pas s'arrêter là. Longtemps après son *Histoire des quadrupèdes*, et à l'époque où il écrivait son *Supplément*, il revient sur la *parenté* des animaux, et là il avoue que cette parenté tient à des rapports plus mystérieux et d'un ordre plus délicat que ceux qu'il avait supposés d'abord.

« La parenté des espèces, dit-il, est un des mystères profonds de la nature que l'homme ne pourra sonder qu'à force d'expériences aussi réitérées que longues et difficiles. Comment pourra-t-on reconnaître autrement que par l'union mille et mille fois tentée des animaux d'espèce différente leur degré de parenté ? L'âne est-il plus près du cheval que du zèbre ? Le loup est-il plus près du chien que le renard et le chacal ? »

Mes expériences répondent déjà à la dernière de ces questions. Le loup et le chacal sont plus près du chien que le renard ; car l'union du loup et du chacal avec le chien est toujours féconde et celle de ce même chien avec le renard est toujours stérile. Il y a donc entre le chacal, le loup et le chien un degré de *consanguinité*, un lien de sang plus intime qu'entre ces trois animaux et le renard. De plus,

IV. DE LA VARIABILITÉ DANS L'ESPÈCE

la *parenté*, la *consanguinité* est plus étroite avec le chacal et le chien qu'entre le loup et le chien, puisque les métis nés de l'union du loup et du chien ne donnent que trois générations successives, et que les *métis* nés du chien et du chacal en donnent jusqu'à quatre.

Je reviens à M. Naudin, et je laisse, de son travail, tout ce qui ne tient pas uniquement à l'expérience. La méthode expérimentale est inexorable pour les conjectures. Le mérite le plus particulier, et, si je puis ainsi dire, le plus original, de MM. Decaisne et Naudin est de n'avoir laissé de place, dans leurs travaux, que pour les faits.

De tels travaux sont inappréciables. Ici, rien de supposé, rien d'omis. « Ne rien supposer et ne rien omettre, a dit un grand philosophe de nos jours,[1] c'est toute la méthode. » Qu'est-ce que l'espèce ? Que sont les *races* ? Que sont les *hybrides* ? J'ose dire qu'avant MM. Naudin et Decaisne, on n'avait, sur ces graves questions, aucune idée arrêtée. Sans doute, au fond de ces graves questions, il y a et il y aura toujours un profond mystère. Pourquoi l'espèce est-elle *fixe* ? Pourquoi, étant, comme elle l'est, *variable* à l'infini, ne varie-t-elle jamais assez pour changer de nature, pour changer d'espèce, pour passer d'une espèce à une autre espèce ? Pourquoi y a-t-il entre les différentes espèces une ligne de démarcation éternelle et infranchissable ? Un homme d'infiniment d'esprit[2] a dit qu'il ne fallait pas demander pourquoi une chose est ainsi, lorsque, si elle était autrement, on pourrait faire la même question.

Je reviens à MM. Decaisne et Naudin et à leurs expériences.

Le temps des Jussieu a été, pour le Jardin des Plantes, un temps de gloire : ils ont donné la méthode aux naturalistes.

Aujourd'hui, le temps est venu des expériences, j'entends des grandes expériences et qui touchent aux questions vitales et fondamentales de la science : MM. Decaisne et Naudin commencent.

---

1 M. Cousin.
2 Saint Augustin. *Nec in ea re debet esse quæstio, ubi quidquid esset, quæstio esset.*

Pierre Flourens

V. DE L'HYBRIDATION DANS LES VÉGÉTAUX
(EXPÉRIENCES DE M. NAUDIN)

Le plus grand fait de l'histoire naturelle est celui de la *fixité des espèces*. Si l'espèce changeait, l'*hybridation* serait assurément le moyen le plus direct et le plus efficace d'opérer ce changement. Point du tout, l'*hybridation* est le moyen qui met le plus complétement dans son jour la *fixité* de l'espèce.

De tous les travaux qui ont été faits sur l'*hybridation* des végétaux, aucun n'a jamais été fait avec plus de soin, et surtout avec plus de persévérance que celui de M. Naudin ; et, comme on va le voir, la persévérance devait jouer ici un grand rôle. M. Naudin, aide-naturaliste au Muséum d'histoire naturelle, étudie les*hybrides* des végétaux depuis huit ans. Il suit, depuis huit ans, les générations successives de ceux des *hybrides* qui sont fertiles. Cette continuité d'observation lui a permis de voir ce que nul autre observateur n'avait complétement vu avant lui : le *retour* naturel et spontané, après un certain nombre de générations, des*hybrides* au type primitif de l'une ou de l'autre des deux espèces productrices. Si les *hybrides* se perpétuaient indéfiniment, les *hybrides* formeraient des espèces, autant d'espèces nouvelles qu'il se produirait d'*hybrides*.

Il n'en est rien. « À partir de la seconde génération, dit M. Naudin, la physionomie des *hybrides* se modifie de la manière la plus remarquable. Dans bien des cas, à l'uniformité si parfaite de la première génération succède une bigarrure de formes, les unes se rapprochant du type spécifique du père, les autres de celui de la mère, quelques-unes rentrant subitement et entièrement dans l'un ou dans l'autre. D'autres fois, cet acheminement vers les types producteurs se fait par degrés et lentement, et quelquefois on voit toute la collection des hybrides incliner du même côté. C'est qu'effectivement c'est à la seconde génération que, dans la grande majorité des cas (et peut-être dans tous), commence cette dissolution de formes hybrides, entrevue déjà par beaucoup d'observateurs, mise en doute par d'autres, et qui me paraît aujourd'hui hors de toute contestation.[1] »

M. Naudin continue : « Le retour des hybrides aux formes des espèces parentes n'est pas toujours aussi brusque que celui que nous avons observé dans les *primevères*, les *petunias*, le *linaria purpureo-vulgaris*, etc. Souvent il se fait par gradations insensibles, et exige, pour être complet, une série peut-être assez longue de générations.[2] »

Mais enfin, quelques *hybrides* font-ils exception à la loi commune du retour aux formes de leurs ascendants ? se *fixent-ils* et donnent-ils lieu à des espèces nouvelles ?

« Ce que je puis affirmer, dit M. Naudin, c'est qu'aucun des hybrides que j'ai obtenus n'a manifesté la moindre tendance à faire souche d'espèce… Ce qui est démontré ici, c'est qu'au moins dans les troisième, quatrième et cinquièmegénérations, les formes des hybrides n'ont rien de fixe et qu'elles se modifient d'une génération à l'autre, dans le sens des types spécifiques qui les ont produits.[3] »

Kœlreuter, le premier qui, en portant le pollen d'une espèce sur le *pistil*d'une autre espèce, ait produit artificiellement des *hybrides* dans les végétaux, et qui, par là, ait mis hors de doute la grande découverte des *sexes* des plantes, et tout ce qui s'ensuit : leur fécondation, leur ovulation, etc. ; Kœlreuter partageait en deux classes tous les *hybrides* : les uns d'une stérilité absolue, les autres d'une stérilité partielle : les uns stériles tout à la fois par les étamines totalement dénuées de pollen, et par l'ovaire, puisqu'ils ne peuvent être fécondés par le pollen de leurs ascendants, les autres stériles seulement par le pollen ou seulement par l'ovaire. Ces deux classes d'*hybrides*, proposées par Kœlreuter, sont aujourd'hui pleinement établies et confirmées.

Mais ce que Kœlreuter n'avait pas vu, et ce que démontre complétement le beau travail de M. Naudin, c'est que, s'il y a des *hybrides* absolument ou imparfaitement stériles, il y en a aussi, et peut-être en plus grand nombre, qui sont fertiles. On peut les diviser encore en deux classes : les uns qui le sont par l'ovaire seulement, les autres qui le sont à la fois par l'ovaire et par

1 Mémoire manuscrit couronné par l'Académie, p. 188.
2 Mémoire manuscrit, p. 197.
3 Mémoire manuscrit, p. 201.

Pierre Flourens

le pollen ; les uns qui sont fertiles par eux-mêmes, les autres qui ne le sont que par le pollen de leurs ascendants.

Au reste, la fertilité des *hybrides* par le pollen est de tous les degrés. On trouve des *hybrides*, depuis le cas extrême où l'hybride n'est fertile que par l'ovaire, jusqu'à celui où tout son pollen est aussi parfait que celui des espèces les mieux établies.

Je ne puis suivre ici M. Naudin dans les détails, et je le regrette, car ici chaque détail a sa signification propre. Cela nous mènerait trop loin. Jamais expériences ne furent mieux conduites, jamais relation d'expériences n'a été présentée avec plus d'ordre, plus de méthode, plus de vraie philosophie, jamais surtout on n'a fait mieux sentir cette grande vérité : qu'une plante *hybride* est un individu où se trouvent réunies, par un mélange artificiel, deux natures, « qui se contrarient mutuellement et sont sans cesse en lutte pour se dégager l'une de l'autre.[1] »

Et maintenant, que résulte-t-il de tout cela par rapport à l'*espèce* ? Que l'espèce est essentielle, qu'elle est fixe, et que les *hybrides* eux-mêmes, mélange imparfait de deux natures diverses, tendent sans cesse à se démêler et à revenir, par un retour forcé, à une nature propre et exclusive. Des lois secrètes, primitives, fatales, conservent donc les espèces, en empêchent la multiplication, et les maintiennent éternellement distinctes.

Cette distinction éternelle des espèces est, à la fois, la plus grande merveille et le plus grand mystère de la nature.

Chaque espèce a sa *finalité*, comme dit M. Naudin.

L'espèce, qui ne varie pas, varie pourtant assez pour produire des *races*. Comment cela ?

« Une expérience, plus que vingt fois séculaire, dit M. Naudin, a établi ce fait d'une extrême importance, que les végétaux, assujettis à la culture, se modifient de diverses manières et donnent naissance à des formes nouvelles, qui acquièrent, à la longue, soit par sélection artificielle, soit naturellement, une certaine stabilité, et se reproduisent même assez souvent avec la même fidélité que

---

1 Mémoire manuscrit, p. 190.

V. DE L'HYBRIDATION DANS LES VÉGÉTAUX

les types spécifiques originels.[1]

« Il ne saurait donc y avoir de doute, dit encore M. Naudin, sur la propriété inhérente aux espèces naturelles de se subdiviser en formes secondaires, lesquelles acquièrent avec le temps, lorsqu'elles sont préservées de tout croisement avec les autres espèces, toute la stabilité de caractères des espèces les plus anciennes.[2] »

D'accord, mais c'est ici que commence, avec M. Naudin, la difficulté.

« Je regarde, dit-il, toutes ces faibles espèces énumérées sous le nom de races et de variétés comme des formes dérivées d'un premier type spécifique, et ayant, par conséquent, une origine commune. Je vais plus loin : les espèces elles-mêmes les mieux caractérisées sont, pour moi, autant de formes secondaires relativement à un type plus ancien qui les contenait toutes virtuellement, comme elles-mêmes contiennent toutes les variétés auxquelles elles donnent naissance sous nos yeux, lorsque nous les soumettons à la culture.[3] »

« Au fond, dit-il enfin, il n'y a ici que deux systèmes possibles : ou les espèces ont été créées primordialement, telles qu'elles sont aujourd'hui, sans autre parenté qu'une parenté métaphorique ; ou bien elles se tiennent par un lien d'origine, sont réellement parentes les unes avec les autres et descendent d'ancêtres communs.[4] »

Évidemment, les choses n'ont pu se passer que de l'une ou de l'autre de ces deux façons. Mais de laquelle ? C'est là toute la question.

En d'autres termes, et à parler tout simplement, les *espèces* sont-elles *parentes*, ou ne le sont-elles pas ?

Je l'ai déjà dit et je le répète : on ne juge de la *parenté* que par la *fécondité*. — Toutes les *variétés* d'une même espèce sont fécondes entre elles d'une *fécondité continue* ; les *espèces* d'un même *genre* n'ont entre elles qu'une *fécondité bornée*.

Et quant à la *stabilité* propre de telle ou telle *variété* (car, pour les *espèces*, la *stabilité* est toujours absolue), comment la déterminer

1 Mémoire manuscrit, p. 216.
2 Mémoire manuscrit, p. 217.
3 Mémoire manuscrit, p. 218.
4 Mémoire manuscrit, p. 218.

Pierre Flourens

autrement que par l'expérience ? Depuis que nous avons l'art des expériences, nous ne nous arrêtons plus à des conjectures.

VI. DE L'HYBRIDATION DANS LES ANIMAUX (MES EXPÉRIENCES)

Buffon avait déjà vu des *métis* de chien et de loup ; et, sous la surveillance de M. Frédéric Cuvier, notre Ménagerie en a eu souvent.

On n'en peut pas dire autant des *métis* de chacal et de chien. Je crois être le premier qui les ait fait connaître.

En 1845, j'obtins, de l'union de l'espèce du chien avec l'espèce du chacal, trois *métis*.

Ces trois *métis*, élevés au milieu de petits chiens de leur âge, en différaient d'abord par des allures brusques, farouches. C'étaient trois sauvages élevés au milieu d'un peuple civilisé.

D'un autre côté, leur première dentition a marché beaucoup plus vite que celle des petits chiens.

Mais ce qui les distinguait surtout de ces petits chiens, c'est qu'ils avaient les deux poils de tout animal sauvage : le poil soyeux et le poil laineux, tandis que les petits chiens n'avaient qu'un poil : le poil soyeux.

Buffon avait déjà constaté que le renard ne s'accouple point avec la chienne. Mes expériences ont confirmé celles de Buffon. Jamais le renard n'a voulu s'accoupler avec la chienne, ni le chien avec la renarde. Je suis même convaincu que leur accouplement, s'il a jamais lieu, sera sans effet.

Des animaux qui diffèrent par quelque caractère marqué, soit dans les dents, soit dans les organes des sens, ne sont plus du même *genre*. Le chien a la pupille en forme de disque, le renard a la pupille allongée ; le chien est *diurne*, le renard voit mieux la nuit que le jour. Avec une telle différence, et relative à un tel organe, il ne peut y avoir *unité de genre*. Le chien, le loup, le chacal ont toute leur structure semblable ; la forme de leur pupille est la même. Aussi le loup et le chien, le chien et le chacal produisent-ils ensemble.

Buffon a fait, sur la reproduction du chien et du loup, une série d'expériences. Il n'a jamais pu passer la troisième génération. Frédéric Cuvier, qui a été pendant trente ans le directeur de la ménagerie du Jardin des Plantes, n'a pu aller plus loin. Moi-même je n'ai pu obtenir davantage.

Sur le chacal et le chien, j'ai pu aller jusqu'à la quatrième génération, mais je n'ai pu la dépasser.

Mes expériences sur les *métis*, persévéramment poursuivies, nous donnent les caractères précis de l'*espèce* et du *genre*.

Le caractère de l'*espèce* est la *fécondité continue*.

Le caractère du *genre* est la *fécondité bornée*.

On a déjà des *métis* de plusieurs espèces. On sait que les espèces du cheval, de l'âne, du zèbre, de l'hémione peuvent se mêler et produire ensemble ; celles du loup, du chien, du chacal, se mêlent et produisent aussi, comme on vient de voir ; il en est de même de celles de la chèvre et de la brebis, de la vache et du bison, du bouc et du bélier. Le tigre et le lion ont produit à Londres, fait remarquable et qui renverse ce principe que l'on s'était trop hâté de poser, savoir, que pour que le croisement de deux espèces fût fécond, il fallait au moins que l'une d'elles fût domestique.

Rien de ce qu'on a dit sur les prétendus *métis* de chien et de renard, de chien et d'hyène, de lièvre et de lapin, à plus forte raison, de taureau et de jument ou de cheval et de vache, n'est prouvé. J'ai souvent tenté, et quelquefois obtenu l'union de ces animaux ; jamais elle n'a été féconde.

On connaît, dans la classe des oiseaux, les unions croisées de plusieurs espèces : du serin avec le chardonneret, avec la linotte, avec le verdier, etc., des faisans dorés, argentés et communs, soit entre eux, soit avec la poule, etc., etc.

Je donne au produit des unions croisées le nom de *métis* parce que le *métis* me paraît fait, par moitié, de chacune des deux espèces productrices.

Le *métis* du chacal et du chien tient à peu près également du chacal et du chien. Il a les oreilles droites, la queue pendante ; il n'aboie pas : il est aussi chacal que chien.

Voilà pour la première génération. Je continue, à unir, de génération en génération, les produits successifs avec l'une des deux espèces productrices, avec celle du chien, par exemple.

Le *métis* de seconde génération n'aboie pas encore ; mais il a déjà les oreilles pendantes par le bout ; il est moins sauvage.

Le *métis* de la troisième génération aboie ; il a les oreilles pendantes, la queue relevée ; il n'est plus sauvage.

Le *métis* de la quatrième génération est tout à fait chien.

Quatre générations m'ont donc suffi pour ramener l'un des deux types primitifs, le type chien ; et quatre générations me suffisent de même pour ramener l'autre type, le type chacal.

Linné disait, avec une sagacité profonde : *Naturæ opus semper est species et genus ; culturæ sœpius varietas ; artis et naturæ classis ac ordo.*

En effet, l'*espèce* et le *genre* sont toujours l'œuvre de la nature ; la *variété* est souvent l'œuvre de la culture ; et la *classe* et l'*ordre* sont à la fois l'œuvre de l'art et de la nature : de la *nature* qui donne aux espèces les ressemblances et les différences, et de l'*art* qui les juge et les apprécie.

Au milieu de tous les autres *groupes* de la méthode, l'*espèce* et le *genre* se distinguent en ce qu'ils ne se fondent pas seulement sur la *comparaison des ressemblances*, mais sur des rapports directs et effectifs de *génération* et de *fécondité*.

Nous ne connaissons bien le chacal que depuis notre conquête d'Alger. Buffon l'a mal connu : il le confond avec l'*adive*, qui n'est qu'une espèce factice, et il lui attribue beaucoup de mauvaises qualités qu'assurément il n'a pas : « Il réunit, dit-il, l'impudence du chien à la bassesse du loup, et, participant des deux, semble n'être qu'un odieux composé de toutes les mauvaises qualités de l'un et de l'autre.[1] »

« Le chacal, dit simplement Belon, est bête entre loup et chien. » Le chacal a les cuisses et les jambes fauve-clair ; il a du roux à

---

1 *Histoire du Chacal.*

l'oreille ; ces marques distinctives se retrouvent sur le métis de la première génération ; mais dès le mélange de ce *métis* avec le chien, elles disparaissent.

« Nous les regarderons (le chacal et le chien), dit Buffon comme deux espèces distinctes, sauf à les réunir lorsqu'il sera prouvé, par le fait, qu'ils se mêlent et produisent ensemble.[1] »

Aujourd'hui, il est prouvé, par le fait, qu'ils se mêlent et produisent ensemble, et cependant il est prouvé que ce sont deux espèces distinctes, par cela seul qu'ils ne produisent ensemble qu'un certain nombre de générations.

Mais c'est là tout un ordre d'idées qu'on n'avait point encore au temps de Buffon. Il y a deux sortes de fécondité : une *fécondité continue* ; c'est le caractère de l'*espèce*. Toutes les variétés de chevaux, de chiens, de brebis, de chèvres, etc., se mêlent et produisent ensemble avec une fécondité continue.

Et il y a une *fécondité bornée* ; c'est le caractère du *genre*. Si deux espèces distinctes, le chien et le chacal, le loup et le chien, le bélier et le bouc, l'âne et le cheval, etc., se mêlent ensemble, ils produisent des individus bientôt inféconds, ce qui fait qu'il ne s'établit jamais d'espèce *intermédiaire* durable. On unit le cheval et l'âne depuis des siècles, mais le mulet et la mule ne donnent point d'espèce *intermédiaire* ; on unit depuis des siècles les espèces du bouc et du bélier ; ils produisent des métis, mais ces métis n'ont pas donné d'espèce intermédiaire.

On cherchait le caractère du *genre* ; où le trouver ? Il est dans les deux fécondités distinctes.

La fécondité *continue* donne l'espèce ; la fécondité *bornée* donne le genre.

Buffon avait donc bien raison quand il disait : « L'union des animaux d'espèce différente est le seul moyen de reconnaître leur parenté.[2] »

Il disait encore, avec éloquence : « Le plus grand obstacle qu'il y ait à l'avancement de nos connaissances est l'ignorance presque

1 *Histoire du Chacal.*
2 Voyez le *Supplément*, article *Mulets.*

Pierre Flourens

forcée dans laquelle nous sommes d'un très-grand nombre d'effets que le temps seul n'a pu présenter à nos yeux et qui ne se dévoileront même à ceux de la postérité que par des expériences et des observations combinées. En attendant, nous errons dans les ténèbres, ou nous marchons avec perplexité entre des préjugés et des probabilités, ignorant même jusqu'à la possibilité des choses, et confondant à tout moment les opinions des hommes avec les actes de la nature.[1] »

Je donne, comme on vient de voir, au produit des unions croisées le nom de *métis*, parce qu'il me paraît fait par moitié de chacune des deux espèces productrices. Chacune de ces deux espèces me paraît y avoir une part égale. Il y a longtemps que je le pense et que je l'ai dit. M. Naudin dit, d'un *hybride* de deux espèces de cucurbitacées (le *luffa cylindrica* et le *luffa acutangula*) : « Les bonnes graines étaient, aussi bien que les fruits, *parfaitement intermédiaires* entre celles des deux espèces, c'est-à-dire à la fois chagrinées, comme celles du *luffa acutangula*, et bordées d'une courte membrane aliforme comme celles du *luffa cylindrica*. »

Finissons par une conclusion nette.

Ou les *métis* nés de l'union de deux espèces distinctes s'unissent entre eux, et ils sont bientôt stériles, ou il s'unissent à l'une des deux tiges primitives, et ils reviennent bientôt à cette tige ; ils ne donnent, dans aucun cas, ce qu'on pourrait appeler une espèce nouvelle, c'est-à-dire une espèce intermédiaire.

Nous avons vu que les *hybrides* des végétaux, même ceux qui sont fertiles, reviennent à l'une des deux espèces primitives au bout de quatre ou cinq générations.

L'*hybridité* n'est donc dans aucun cas, ni dans aucun sens, ni pour les végétaux ni pour les animaux, souche de nouvelles espèces.

VII. DE LA GÉNÉRATION DES INSECTES

DE REDI

La terre est la mère commune de tout ce qui vit, disaient les

1 *Histoire de la Chèvre.*

anciens. Et de cette origine si simple, l'homme lui-même n'était pas excepté. Cependant Épicure veut bien convenir que, de son temps, la terre épuisée ne produisait plus d'hommes ni de grands animaux ; elle ne produisait plus que des insectes, mais elle produisait tous les insectes.

Au beau milieu du XVIIᵉ siècle, en 1668, époque où parut l'ouvrage de Redi,[1] la science en était juste au point où Épicure l'avait laissée.

Et même, à la rigueur, ce n'était plus la terre, mère encore assez noble, c'était la corruption, la putréfaction, c'étaient les herbes, les fruits, le fromage pourri, c'étaient les chairs corrompues qui produisaient les insectes.

De plus, chaque espèce de chair corrompue produisait son espèce particulière d'insectes : la chair corrompue du taureau produisait des abeilles ; celle du cheval, des guêpes ; celle de l'âne, des scarabées ; celle de l'écrevisse, des scorpions ; celle des canards, des crapauds, etc. Redi a eu la constance de soumettre à l'expérience toutes ces opinions, jusqu'aux plus absurdes ; et non-seulement ni la chair du taureau n'a donné des abeilles, ni celle du cheval des guêpes, ni celle de l'âne des scarabées, etc., mais aucune chair corrompue n'a donné d'insectes.

Voici la manière dont a procédé Redi.

Dans un vase de verre, Redi met un morceau de chair fraîche et saine, et il laisse le vase ouvert. Bientôt la chair se corrompt ; les mouches accourent de toutes parts sur la chair corrompue et y déposent leurs œufs ou leurs vers.[2] Au bout de quelques jours, les vers se transforment en chrysalides, et ces chrysalides en mouches, en mouches les plus ordinaires, les plus communes, en celles-là même que Redi avait vues naguère se poser sur les chairs pourries et y déposer leurs œufs ou leurs vers. « Les mouches qui s'y formaient, dit Redi, étaient de même espèce que celles que j'avais vues s'y poser.[3] »

Dans un autre vase de verre, Redi met de la chair fraîche, et il ferme immédiatement le vase ; la chair se corrompt encore, mais elle a beau se corrompre, il ne s'y produit point de vers.

---

1 *Esperienze intorno alla generazione degl'insetti.*
2 Car il y en a d'ovipares et de vivipares, ou plutôt d'ovo-vivipares.
3 *Collection académique*, t. IV, p. 420.

Redi fait mieux. Dans ce vase fermé, l'air n'avait pu se renouveler. Redi fait construire une espèce de cage, qu'il entoure d'une gaze fine ; et dès lors c'est sur la gaze elle-même que les mouches viennent déposer leurs œufs. La viande, protégée par la gaze, ne donne point de vers.

« Je conclus donc, dit Redi, que la terre ne produit d'elle-même aucune plante, aucun animal, aucun insecte… Toutes les espèces se perpétuent par le moyen d'une vraie semence ; et si l'on voit tous les jours naître des insectes dans des chairs corrompues, dans des herbes, des fleurs et des fruits pourris, ces matières ne contribuent à la génération des insectes qu'en offrant aux mères un lieu propre à recevoir leurs œufs et en fournissant une nourriture convenable aux petits, lorsqu'ils sont formés.[1] »

De ses expériences sur les chairs corrompues, Redi passe à celles qu'il a faites sur le fromage, sur les herbes, sur les fruits pourris, etc. ; et le résultat est encore le même, comme on pense bien. Dès qu'on préserve les matières pourries du contact des mouches, il ne s'y produit plus de vers ; aucune matière pourrie, aucune matière morte ne produit d'animal vivant : ce n'est pas de la mort que naît la vie.

Voilà, certes, des expériences très-nettes, très-précises, admirablement conduites. Mais, ô faiblesse à peine croyable et défaillance toujours prochaine de l'esprit humain ! ce même Redi, qui vient de prouver si pleinement que tout insecte vient d'un autre insecte et d'un insecte de même espèce, arrivé aux insectes qui se développent dans les feuilles, dans les fruits, dans ces excroissances végétales qu'on appelle des *galles*, s'imagine que c'est l'arbre, *l'arbre vivant*, qui produit, à la fois et par la *même vertu*, la feuille et l'insecte, le fruit et l'insecte, la galle et l'insecte. « Une même vertu, dit-il, produit à la fois les fruits et leurs vers.[2] » — « Le ver de la galle tire son *être* et sa nourriture de l'arbre.[3] » — « J'ai prouvé, continue-t-il, que les vers naissent sur toutes sortes d'herbes pourvu qu'elles soient imprégnées de la semence de ces insectes ; mais, sans cette condition, il ne s'engendre jamais rien, ni dans les herbes, ni dans les chairs corrompues, ni dans aucune matière pri-

---

1 *Collection académique*, t. IV, p. 416.
2 *Collection académique*, t. IV, p. 448.
3 *Collection académique*, t. IV, p. 448.

VII. DE LA GÉNÉRATION DES INSECTES

vée de vie. Au contraire, je pense que toute matière vivante peut d'elle-même produire des vers qui se transforment en insectes, comme on le voit dans les cerises, les prunes, les poires, et dans les différentes espèces de galles.[1] »

« Il n'est peut-être rien de plus capable, s'écrie à cette occasion Réaumur, d'humilier ceux qui raisonnent le mieux, et de leur inspirer une juste défiance des idées nouvelles qui peuvent s'offrir à eux, que de voir qu'un si bel esprit ait pu adopter un sentiment si peu vraisemblable, ou, pour trancher le mot, si pitoyable, et cela après avoir pourtant balancé s'il ne suivrait pas celui qui était si naturel, et qu'il était même porté à croire vrai, car il avait pensé que les mouches pouvaient déposer des œufs dont les vers des galles sortaient.[2] »

DE SWAMMERDAM

Swammerdam n'était pas homme à s'arrêter à mi-chemin dans une lutte engagée contre un préjugé. « M. Redi, qui a le premier combattu, dit-il, par l'expérience l'opinion de la génération fortuite et spontanée, pensait que les insectes qui se trouvent dans les feuilles et dans les fruits étaient engendrés par la vertu naturelle de cette même âme végétative qui produit les fruits et les plantes.[3] »

Swammerdam reprend donc l'étude des galles, et spécialement celle de la galle du saule, qui avait arrêté Redi. Redi avait cru que les vers de cette galle ne subissaient point de transformation. Swammerdam voit ces vers se transformer en mouches ; et ce n'est pas tout, il trouve, dans l'intérieur de ces petites mouches, des œufs entièrement semblables à ceux que contient la galle : les œufs de la galle viennent donc de la mouche.

Cependant Swammerdam n'était pas tout a fait content. « Je conviens, dit-il, qu'il n'y aurait plus rien a répliquer, si j'avais pu surprendre la mère de ces petits vers dans l'action même de la ponte ; je ne désespère pas de prendre ainsi quelque jour la nature sur le fait.[4] »

1 *Collection académique*, t. IV, p. 448.
2 *Mémoires pour servir à l'histoire des insectes*, t. III, p. 476.
3 *Collection académique*, t. V. p. 502.
4 *Collection académique*, t. V, p. 503.

Pierre Flourens

Cette bonne fortune était réservée à l'un de ses plus célèbres successeurs, à Malpighi.

DE MALPIGHI

Fontenelle, dans ce beau tableau du XVIIᵉ siècle où il nous peint Descartes enseignant aux géomètres des routes inconnues, Néper inventant les logarithmes, Harvey découvrant la circulation du sang, Pecquet, le cours du chyle, Thomas Bertholin, les vaisseaux lymphatiques, caractérise ainsi Malpighi : « Marcel Malpighi, célèbre par tant de découvertes anatomiques, qui, quelque importantes qu'elles soient, lui feront encore moins d'honneur que l'heureuse idée qu'il a eue, le premier, d'étendre l'anatomie jusqu'aux plantes... »

C'est dans le beau livre de Malpighi sur *l'anatomie des plantes* qu'il faut étudier les rapports des *galles* avec les insectes : « Toutes mes observations prouvent, dit Malpighi, que les *galles* ne sont qu'une espèce de nid pour l'œuf ou le ver, lequel vient toujours d'un parent-animal, jamais d'une plante : *à parente animali, nequaquam verò à planta.*[1] »

Malpighi s'attache à nous faire voir qu'il n'est aucune partie des plantes sur laquelle des *galles* ne puissent croître : sur les feuilles, sur leurs pédicules, sur les tiges, sur les branches, sur les jeunes rejetons, sur les racines, sur les bourgeons, sur les fleurs, sur les fruits ; et c'est toujours à un insecte, à un insecte de l'espèce de celui qui a crû dans son intérieur, que la *galle* doit sa naissance.

Voici comment il raconte la bonne fortune, qui lui arriva un jour, de prendre sur le fait une mouche pondant des œufs et les introduisant à mesure dans l'intérieur d'un bouton de chêne qui venait à peine de s'ouvrir.

« Pour appuyer ce que j'avance, savoir que ce sont les insectes qui font naître les galles, qu'il me soit permis d'en appeler au témoignage des sens. Une seule fois, vers la fin du mois de juin, j'ai vu une mouche, semblable à celle que j'ai décrite plus haut (un *Cynips*), posée sur une branche de chêne dont les bourgeons commençaient à se former. Elle s'était attachée à la petite feuille qui sor-

1 *Anatome plantarum*, p. 10 (édition de 1687).

VII. DE LA GÉNÉRATION DES INSECTES

tait à peine de l'enveloppe solide du bourgeon à demi entr'ouvert. Elle tenait son corps ramassé sur lui-même en forme d'arc ; elle avait dégainé sa tarière, et en frappait à coups redoublés la petite feuille. Puis, enflant son ventre, elle faisait sortir d'intervalle à intervalle de l'extrémité de sa tarière un œuf, qu'elle déposait. Je détachai la mouche, et je trouvai sur la feuille des œufs, de tout point semblables à ceux que je découvris dans l'ovaire de la mouche. Il ne m'a pas été donné de contempler une seule fois de plus ce spectacle, quoique j'aie conservé longtemps enfermées dans des vases de verre des mouches que j'entourais de bourgeons naissants et de jeunes branches.[1] » — « Je sais mieux que personne, dit à cette occasion Réaumur, combien l'observation de M. Malpighi a été heureuse ; malgré toute l'envie que j'ai eue d'en faire une pareille, je n'ai pu y parvenir.[2] »

DE RÉAUMUR

Ce que les Redi, les Swammerdam, les Malpighi, avaient découvert, Réaumur devait le vulgariser. Au moment où il écrivait, tout le monde était convaincu que les insectes ne naissent pas de corruption, et que les *métamorphoses* apparentes de ces animaux ne sont que des *dépouillements*. Je dis *tout le monde* : il faut pourtant que j'excepte les *Journalistes de Trévoux*, qui prirent, contre Réaumur, la défense des Pères Kircher et Bonanni, singuliers naturalistes, dont l'un, le Père Kircher, nous donne des *recettes sûres* pour produire des *scorpions*[3] et des *vers de terre*, et dont l'autre, le Père Bonanni, nous affirme que, « en se pourrissant dans la mer, certains bois produisent des vers d'où sort un papillon qui, à force de

---

1 *Anatome plantarum*, p. 130.
2 *Mémoires pour servir à l'histoire des insectes*, t. III, p. 476.
3 « Prenez, dit le P. Kircher, des cadavres de scorpions, broyez-les, mettez-les dans un vase de verre, arrosez-les d'une eau dans laquelle des feuilles de basilic aient été macérées ; pendant un jour d'été, exposez le tout au soleil. Si vous observez ce mélange avec une loupe, vous verrez qu'il s'est converti en une innombrable quantité de scorpions… » Réaumur ajoute : « Ce qui embarrasse le P. Kircher dans ce fait, n'est pourtant pas la naissance de tant de scorpions, c'est la sympathie que la plante appelée basilic peut avoir avec le scorpion. » *Réaumur*, t. II, p. xxxvii. Je fais grâce de la recette, également *sûre*, pour la production des vers.

Pierre Flourens

rester sur l'eau, finit par se transformer en oiseau.[1] »

« Mais que demandent enfin, s'écrie Réaumur, les *Journalistes du Trévoux*, pour regarder comme un système tombé le système qui fait naître les insectes de corruption ? » — Et, en effet, à ce moment-là même de la querelle que lui font les *Journalistes de Trévoux*, tous les faits, allégués à l'appui de ce système, venaient d'être éclaircis, c'est-à-dire réfutés.

« On a vu, dit Réaumur, des vers croître sur la viande, et on en a conclu que cette viande se transformait en vers. Redi s'est donné la peine de faire un grand nombre d'expériences par lesquelles il a très-bien prouvé que les vers ne paraissent sur la viande que lorsque des mouches y ont déposé leurs œufs. — On a vu des morceaux de fromage se peupler d'un million de mites, on en a conclu qu'elles naissaient du fromage. — Leuwenhoeck a fait voir que, parmi les mites, il y a des mâles et des femelles, et que les femelles font un grand nombre d'œufs. — Il se forme sur les feuilles, sur les tiges des arbres, des tumeurs qu'on appelle galles ; ces galles renferment des vers qui se transforment en mouches ; quelques savants ont cru que ces vers pouvaient devoir leur naissance au suc même de l'arbre : Malpighi a prouvé que des mouches, semblables à celles qui viennent des galles, ont donné naissance à ces galles, etc.[2] »

DE DE GEER

Nous venons de voir que des mouches introduisent leurs œufs partout : dans les feuilles, dans les fruits, dans les galles des arbres. D'autres mouches introduisent leurs œufs dans les chenilles, et même dans les œufs d'autres insectes.

Réaumur a décrit, avec un grand soin, tout le petit manège de la mouche qui introduit ses œufs dans la grande chenille du chou. La chenille n'en meurt pas : elle continue de croître ; quelquefois même, elle se transforme en chrysalide. Par un instinct singulier, le *ver intérieur*, le ver qui se nourrit de la chenille et la ronge, le ver *mangeur de chenille*, comme l'appelle Réaumur, n'attaque au-

---

1 *Della curiosa origine degli sviluppi e dé costumi ammirabili di molti insetti : Dialogo primo*, p. 3 et suiv. (**édition** de 1735.)
2 *Mémoires pour servir à l'histoire des insectes*, t. II p. xxvii.

cun des organes principaux, dont la lésion pourrait compromettre une vie à la prolongation de laquelle tient la sienne. Il ne se nourrit que du corps graisseux qui entoure le canal digestif, sans toucher jamais au canal digestif lui-même. Réaumur a vu sortir d'une seule de ces chenilles plus de quatre-vingts vers. « Ce sont ces vers, nous dit-il, que Goëdaert, et beaucoup d'autres avant lui, ont regardés comme les vrais enfants des chenilles.[3] »

De Geer, le continuateur de Réaumur, le *Réaumur suédois*, comme on l'a nommé, beau titre qu'il doit à la sagacité tout à la fois et à la candeur de son esprit, nous décrit une espèce très-petite d'ichneumon, qui loge ses œufs dans les œufs d'un autre insecte, dans les œufs, par exemple, d'un papillon de grandeur commune : un œuf d'ichneumon dans chaque œuf de papillon.

Le ver qui sort de l'œuf de l'ichneumon est si petit qu'il trouve sous la coque de l'autre œuf tout ce qu'il faut d'aliments pour parvenir à un accroissement parfait. Là, il se métamorphose en nymphe, et puis en mouche, laquelle perce la coque, la coque de l'œuf qui vient de lui servir de logement, et qui ne serait plus pour elle qu'une prison. Le naturaliste, étonné, voit sortir ces petites mouches des œufs d'où il s'attendait à voir naître des chenilles.[4]

« Au mois de juillet, dit de Geer, on m'apporta une feuille d'osier chargée d'œufs qu'on ne pouvait méconnaître pour être ceux d'un papillon ; il y en avait plus de soixante, et ils étaient appliqués contre la surface inférieure de la feuille… Je gardai cette feuille, et j'eus lieu de m'en savoir bon gré, car le 17 du même mois, il sortit de chaque œuf, sans en excepter un seul, un petit ichneumon.[5] »

Je quitte à regret tant et de si curieuses recherches de tant d'habiles observateurs des deux derniers siècles ; et je viens à des travaux plus récents, à des travaux de notre époque.

Je ne fais plus qu'une remarque.

On a cru, pendant vingt siècles, à la *génération spontanée* des insectes, sans réfléchir que, seule et prise à part, la *génération spontanée* n'eût servi à rien. Sans les prévisions *instinctives* des mères, le nouvel être, inopinément arrivé au monde, eût manqué de tout, et eût nécessairement péri. C'est là que sont les hautes vues, les

3 Voyez *Réaumur*, t. II, p. 415.
4 Voyez *Réaumur*. t. VI, p. 295.
5 De Geer : *Mémoires pour servir à l'histoire des insectes*, t. I, p. 93.

Pierre Flourens

grands rapports, et que se révèle cette MAIN infaillible, toujours présente, quoique jamais assez remarquée,

De Celui qui fait tout et rien qu'avec dessein.[1]

Voltaire dit que Newton démontre Dieu. Un Réaumur, un Swammerdam le démontrent aussi. « En apercevant par la pensée, dit encore Voltaire, des rapports infinis dans toutes les choses, je soupçonne un ouvrier infiniment habile.[2] »

VIII. DE LA GÉNÉRATION DES VERS PARASITES (EXPÉRIENCES DE M. VAN BENEDEN)

Dès la fin du XVIIe siècle, Redi avait fait voir, dans son livre *sur les animaux vivants qui se trouvent dans les animaux* vivants,[3] que ces vers *intérieurs*, ces vers *intestinaux*, ces vers *parasites*, dont on ne manquait pas alors d'attribuer l'origine à la *génération spontanée*, étaient pourvus d'organes distincts pour les deux sexes ; qu'il y avait donc des mâles et des femelles ; qu'ils s'accouplaient ; qu'ils produisaient des œufs, et beaucoup d'œufs.

Redi n'avait guère pu étudier encore qu'une partie de ces vers, ceux dont l'organisation est la mieux marquée, les *lombrics*, les *ascarides*, les *strongles*, etc.[4] M. Van Beneden a étudié tous les vers *intérieurs*, tous les vers *intestinaux*, jusqu'à ceux dont la structure paraît la plus simple. Il a trouvé dans tous des organes génitaux, et même, chose assez remarquable, des organes génitaux très-compliqués.

Mais ce n'est pas pour des faits de ce genre, pour des faits auxquels on pouvait plus ou moins s'attendre, que je cite ici M. Van Beneden.

Il y a quelques années à peine, on ne connaissait rien de la transmigration et des métamorphoses des vers parasites. Personne ne se doutait qu'un ver parasite fût destiné à passer une partie de sa vie dans un animal, et l'autre partie dans un autre ; qu'il fallait même qu'il en fût ainsi pour que ce ver pût parcourir toutes les phases de son développement ; qu'une de ces phases, celle de l'état

1 La Fontaine.
2 *Lettre à Diderot*, t. LV, p. 282 (édition Beuchot).
3 *Osservazioni intorno agli animali viventi che si trovano negli animali viventi*, 1684.
4 *Osservazioni, ecc.*, p. 34 et suivantes.

fœtal, devait se passer dans un animal herbivore, et l'autre phase, celle de l'état adulte, dans un animal carnivore.

C'est ce que M. Van Beneden vient de nous apprendre. Il nous fait voir que certains parasites passent d'un animal à un autre ; qu'il faut même qu'ils changent d'*animal*, comme d'*hôtellerie* (c'est un mot que je lui emprunte) ; et qu'enfin cette *transmigration*, ce passage d'un animal à un autre ne se fait pas d'une manière accidentelle, fortuite, mais régulièrement, et d'après des lois fixes.

Règle générale, tout animal a ses parasites ; mais, indépendamment de leurs parasites propres, plusieurs animaux, particulièrement les herbivores (lesquels sont destinés à servir de pâture aux carnivores), logent et nourrissent des vers qui, à rigoureusement parler, ne sont pas à eux, et ne font que passer par eux pour arriver aux carnivores auxquels ils appartiennent véritablement et définitivement.

Ces vers restent toujours imparfaits, ne deviennent jamais *adultes* dans l'animal herbivore ; ils ne deviennent parfaits et *adultes* que dans l'animal carnivore. C'est ainsi que le lapin loge et nourrit transitoirement le *cysticerque pisiforme*, qui ne deviendra adulte que dans le chien ; la souris, le *cysticerque fasciolaris*, qui ne deviendra adulte que dans le chat ; le mouton, le *cœnure*, qui ne deviendra adulte que dans le loup, que dans le chien, etc.

Tout ver parasite, du groupe de ceux dont je parle ici, passe par trois phases. La première est celle de *l'œuf* : l'œuf, pondu dans l'intestin du carnivore, est expulsé, rejeté avec les excréments. La seconde phase est celle de *l'embryon* : l'œuf, avalé par l'herbivore, qui le trouve sur l'herbe qu'il broute, éclôt dans l'intérieur de l'herbivore, et l'embryon y prend son premier développement, son développement embryonnaire ; c'est alors un *cysticerque*, un *cœnure*. La troisième phase est celle de *l'adulte* : le *cysticerque* ou le *cœnure*, avalé par le carnivore, qui dévore l'herbivore, prend, dans ce carnivore, son dernier et définitif développement, et c'est maintenant un *ténia*.

Le même ver est donc successivement *œuf pondu* et rejeté à l'extérieur ; *cysticerque* ou *cœnure*, dans l'animal herbivore ; et *ténia* dans l'animal carnivore.

Le mouton avale l'œuf du *ténia*, qui a été rejeté par le chien sur l'herbe qu'il broute ; cet œuf, éclos dans l'intestin du mouton, s'y transforme en *cœnure*, qui, petit à petit, gagne le cerveau du mouton et lui donne le *tournis*. Là, si le mouton n'est pas dévoré par un carnivore, le *cœnure* reste *cœnure* et ne poursuit pas le cours de son développement.

Mais si le cerveau du mouton est dévoré par le chien ou par le loup, le *cœnure* de ce cerveau passe dans l'intestin du chien ou du loup, et s'y transforme en *ténia*, en *ver solitaire*.

« Le lapin, dit M. Van Beneden, trouve les œufs sur l'herbe qu'il broute ; un embryon à six crochets en sort et pénètre dans ses tissus ; cet embryon est conformé pour fouïr les organes comme la taupe creuse le sol, et pour pénétrer par des galeries qui se forment et se détruisent immédiatement. C'est une aiguille d'acupuncture qui passe. Arrivé au viscère qui doit le nourrir, les crochets, devenus inutiles, tombent, et on voit apparaître une vésicule plus ou moins grande… Cette vésicule ne peut se développer davantage dans le lapin, et meurt avec lui, s'il n'est point dévoré. Au contraire, dès que cette vésicule, qu'on appelle *cysticerque*, est introduite dans l'estomac du chien, une nouvelle activité se manifeste, le ver s'évagine, passe de l'estomac dans l'intestin, s'attache à ses parois, pousse de nombreux segments, qui sont autant de vers complets et adultes, et l'ensemble présente cette forme rubanaire et segmentée qu'on désigne communément sous le nom de *ver solitaire*. Le *ver solitaire* proprement dit de l'homme (*tœnia solium*) vient du *cysticerque celluleux* du cochon. L'homme a, d'ailleurs, plusieurs autres *ténias*, mais on ne connaît encore l'origine que de celui-là.[1] »

« Ce prétendu *ver solitaire* est donc une colonie composée d'une première sorte d'individus, la tête, qui s'est développée dans le lapin, et d'une seconde sorte, les cucumérins ou segments, qui se forment dans l'homme, et qui réunissent les deux sexes.[2] »

Personne, avant M. Van Beneden, n'avait soupçonné ni ces *métamorphoses*, qui commencent dans un animal pour se compléter dans un autre, ni ces *transmigrations* obligées, sans lesquelles un ver ne pourrait passer de son état embryonnaire à son état adulte ; ni cette loi générale qui veut que tous les vers *vésiculaires* des

---

1 *De l'homme et de la perpétuation des espèces dans les rangs inférieurs*, p. 30. (1859.)
2 Le ver solitaire de l'homme (*tœnia solium*), vient du *cysticerque celluleux* du cochon. C'est ce ver qui produit, sur le porc, la maladie dégoûtante qu'on nomme *la-drerie* ; il pénètre jusque dans le cœur, dans les yeux, etc.

VIII. DE LA GÉNÉRATION DES VERS PARASITES

herbivores deviennent des vers *rubanaires* dans les carnivores.

Avant M. Van Beneden, le *cœnure* du mouton et le *ténia* du chien (*tœnia cœnurus*) étaient regardés comme deux vers distincts ; c'est le même ver sous deux formes, ou plutôt, à deux âges différents. Il faut en dire autant du *cysticerque* du lapin et du *tœnia serrata*, en lequel il se transforme ; on avait fait de ce *cysticerque* et de ce *ténia* deux espèces distinctes : c'est la même espèce à deux âges divers. On avait fait, du *cysticerque fasciolaris* de la souris, et du *tœnia crassicollis*, en lequel il se transforme dans le chat, deux espèces distinctes ; ce ne sont que deux âges successifs de la même espèce, etc.

Je m'arrête, et pourtant que de détails pleins d'intérêt il me resterait à indiquer encore ! Ce pas, que les Redi, les Swammerdam, les Malpighi, les Réaumur avaient fait, dans les deux derniers siècles, touchant la génération des *insectes*, M. Van Beneden vient de le faire touchant la génération des *vers parasites*. Il ne restait plus à le faire que pour les infusoires. M. Balbiani l'a fait. Voyez le chapitre qui suit.

IX. DE LA GÉNÉRATION DES INFUSOIRES
(EXPÉRIENCES DE M. BALBIANI)

M. Balbiani a fait ici, comme je viens de le dire, ce que M. Van Beneden avait fait pour les *parasites*, ce que Redi et Swammerdam avaient fait pour les *insectes* : il a mis dans tout son jour la génération réelle et effective des *infusoires*.

On avait remarqué, depuis longtemps, dans le corps des *infusoires*, deux petites masses, deux espèces de glandes, dont l'une était appelée *nucleus*, et l'autre *nucléole*. Qu'était-ce que ces deux corps ? L'un, le *nucleus*, est l'*ovaire* ; et l'autre, le *nucléole*, est le *testicule*.

Les *infusoires* ont donc à la fois un organe mâle et un organe femelle. Bien plus, ils ont des sexes distincts, c'est-à-dire portés sur deux individus différents ; enfin, ils s'accouplent, et ils produisent des œufs. Leur génération est donc effective, complète, pareille à celle des animaux les plus parfaits ; et il n'y a point de *génération spontanée*.

Pierre Flourens

De tous les phénomènes qui s'observent dans les corps vivants, nul ne se présente avec des caractères plus uniformes que le phénomène relatif à la propagation. Les végétaux se reproduisent comme les animaux. L'appareil reproducteur est fait sur le même modèle, dans les deux règnes. Il y a, dans les végétaux comme dans les animaux, des organes mâles et des organes femelles : d'une part, des *ovaires* et des *testicules* ; de l'autre, des *pistils* et des *étamines* ; il y a des *sexes*, tantôt portés sur le même individu, tantôt portés sur des individus séparés ; il y a des *œufs* dans un règne comme dans l'autre : la *graine* du végétal répond, sous tous les rapports, à l'*œufs* de l'animal.

Ce n'est pas tout. De même qu'il y a, pour le végétal, deux manières de se reproduire : la *graine* et la *bouture* ; il y a aussi pour l'animal, du moins pour certains animaux, deux façons de se reproduire : l'*œufs* et la *scission*.

Avant Trembley, on ne connaissait point la génération *scissipare* des animaux. Il est le premier qui ait reconnu qu'indépendamment de ses *œufs*, le polype se reproduisait aussi par *boutures*. L'histoire naturelle compte peu de travaux aussi mémorables que ceux de Trembley sur le polype. Elle n'en compte aucun qui ait plus étendu les vues des naturalistes.

L'*infusoire* a, comme le polype, les deux modes de reproduction : il se reproduit par *scission* et par des *œufs*. On savait, depuis longtemps, que les infusoires se multiplient par *division spontanée*, par la production de *bourgeons* qui se détachent du corps. Mais, quant au mode le plus important de reproduction, quant à la génération par des germes fécondés, par des *œufs*, on n'en savait rien. Il n'y a guère plus de deux ans que les conjectures auxquelles on était réduit à cet égard, ont fait place à des notions positives.

Ehrenberg, le célèbre naturaliste Ehrenberg, prenait les *infusoires* pour des hermaphrodites complets, c'est-à-dire pour des hermaphrodites dont chaque individu pouvait se suffire. Il considérait comme un fait de l'organisme la division longitudinale que laissent entre eux les deux corps rapprochés pendant l'accouplement des infusoires.

Considérant donc les infusoires comme des hermaphrodites

IX. DE LA GÉNÉRATION DES INFUSOIRES

complets, Ehrenberg refuse d'admettre chez eux aucun accouplement, et ne leur attribue d'autre reproduction que la reproduction scissipare.

L'hermaphrodisme peut être complet ou incomplet. Dans l'*hermaphrodisme complet*, chaque individu a un organe femelle et un organe mâle, et chacun se suffit à lui seul ; chacun se féconde lui-même ; c'est le cas de l'huître parmi les mollusques : dans l'hermaphrodisme incomplet, il y a aussi un organe mâle et un organe femelle, mais l'individu ne se féconde pas lui-même ; il faut qu'il y ait deux individus qui se réunissent, il faut qu'il y ait accouplement, c'est-à-dire que l'organe femelle de l'un réponde à l'organe mâle de l'autre, comme, par exemple dans l'*escargot* parmi les *mollusques*.

Cet *hermaphrodisme incomplet* est celui des *infusoires* : chaque individu a un organe mâle et un organe femelle, mais il ne peut se féconder lui-même ; il a besoin d'un autre individu qui lui serve tout à la fois de mâle et de femelle, comme lui-même en sert à l'autre.

Lorsque M. Balbiani fit connaître, en 1858, ses premiers travaux, la question était entièrement neuve. Aujourd'hui elle est résolue.

Les infusoires se propagent, comme tous les autres animaux, à l'aide de sexes bien caractérisés. Ils cessent de faire exception à la loi commune ; et l'on peut aujourd'hui proclamer, dans toute son extension, le fameux axiome d'Harvey : *Omne vivum ex ovo*.

X. DE LA PRÉEXISTENCE DES GERMES ET DE L'ÉPIGÉNÈSE (MES EXPÉRIENCES SUR LES MÉTIS)

La *génération spontanée* n'est qu'une chimère.

Ce point établi, restent deux hypothèses : la *préexistence* et l'*épigénèse*. Ces deux hypothèses sont aussi peu fondées l'une que l'autre.

La *préexistence des germes* vient de Leibnitz, cet infatigable inventeur d'expédients en philosophie.

Quand Leibnitz ne peut résoudre une difficulté, il la tourne. Ne pouvant donc concevoir la formation des êtres, il imagine qu'ils étaient tout formés. Le dernier individu de chaque espèce était contenu en germe dans le premier individu : le dernier animal dans le premier, le dernier homme dans le premier homme. C'était un *emboîtement* infini de germes.

De Leibnitz, la *préexistence* passa à Bonnet, de Bonnet elle passa à Haller, qui, d'abord, avait été pour l'*épigénèse*.

Le dernier partisan de la *préexistence des germes* a été Cuvier, non qu'il vît de ce côté-là quelque raison bien déterminante, mais parce qu'il avait *horreur*(c'est le mot dont il s'est servi vingt fois avec moi) de l'*épigénèse*, cette formation par morceaux d'un organisme clos et un, et que son grand esprit lui démontrait avoir dû être formé d'ensemble.

L'*épigénèse* vient d'Harvey : suivant de l'œil le développement du nouvel être sur les biches de Windsor, il vit chaque partie successivement apparaître, et prenant le moment de l'*apparition* pour le moment de la *formation*, il imagina l'*épigénèse*. D'Harvey, l'*épigénèse* est passée directement dans l'École, où elle règne exclusivement.

La *préexistence* est l'hypothèse de l'esprit seul ; l'*épigénèse* est l'hypothèse de l'œil seul.

Mes expériences sur les MÉTIS ont démontré que le nouvel individu, l'individu produit, le *métis*, est formé de deux moitiés, de deux parts égales, ou à peu près égales : l'une du mâle, l'autre de la femelle.

Évidemment, si le germe est préformé, le germe, qui est dans le chien, est tout *chien*.

Cependant, lorsque j'examine ce germe développé, je le trouve moitié*chacal* et moitié *chien*.

Comme que l'on prenne la chose, à quelque subtilité qu'on s'accroche, dès qu'il y a du *chacal* dans le germe venu du chien, le germe n'était pas préformé dans le *chien*.

Je prends l'exemple de mes expériences sur les *métis* de chien et de chacal. Mes expériences sur les *métis* de chien et de loup donnent les mêmes résultats. J'en dis autant de celles qui se font tous les

X. DE LA PRÉEXISTENCE DES GERMES ET DE L'ÉPIGÉNÈSE

jours sur les *métis* de cheval et d'âne : il est impossible de ne pas reconnaître, dans le *mulet* ou dans le *bardot*, un mélange à peu près égal, d'âne et de cheval.

La *préexistence des germes* n'est donc pas fondée.

Passons à l'*épigénèse* : l'est-elle plus ? Non, sans doute.

Le nouvel être se forme tout d'un coup, tout d'ensemble, instantanément : il ne se forme point parties par parties, et en divers temps. Il se forme à la fois ; il se forme à l'instant unique, *indivis*, où se fait la conjonction du mâle et de la femelle.

Passé l'instant de la conjonction, le mâle et la femelle n'ont plus de rapports ensemble ; et cependant le nouvel être, le *métis*, est formé moitié de l'un et moitié de l'autre.

L'*épigénèse* n'est donc pas fondée.

J'ai déjà dit cela bien des fois ; mais pour avoir raison contre la routine, il faut se répéter sans cesse.

XI. DE LA GÉNÉRATION SPONTANÉE CONSIDÉRÉE EN SOI (EXPÉRIENCES DE M. PASTEUR)

La question des *générations spontanées* était à peu près oubliée depuis Redi.

Elle s'est tout à coup ranimée en 1858.

Ce fut M. Pouchet, directeur du Muséum d'histoire naturelle de Rouen, qui donna le signal. À son exemple, une foule de naturalistes s'empressèrent et s'évertuèrent ; c'était, pendant un moment, à qui présenterait à l'Académie le plus d'êtres *nés spontanément*.

L'effervescence des esprits ne m'effraya point. J'engageai tout simplement l'Académie à proposer la question de la *génération spontanée* pour sujet de l'un de ses prix en 1860.

J'espérais avec raison, comme l'événement l'a prouvé, que si jamais un siècle semblait destiné à résoudre cette grande question, c'était le nôtre. Il est impossible, me disais-je, que dans un siècle où l'art des expériences est porté si loin, quelque heureux expérimentateur ne s'empare des *générations spontanées*, et du moins ne jette sur elles un nouveau jour.

Ce que je prévoyais est arrivé ; il est même arrivé mieux.

M. Pasteur n'a pas seulement éclairé la question, il l'a résolue.

Pour avoir des animalcules, que faut-il si la *génération spontanée* est réelle ? De l'air et des liqueurs putrescibles. Or, M. Pasteur met ensemble de l'air et des liqueurs putrescibles, et il ne se produit rien.

La *génération spontanée* n'est donc pas. Ce n'est pas comprendre la question que de douter encore.

FIN.

XI. DE LA GÉNÉRATION SPONTANÉE CONSIDÉRÉE EN SOI

ISBN : 978-1519290458